城市片区综合开发系列丛书

复合生态廊道上的新城景观规划与设计

——广州市南沙横沥岛尖生态景观总师制度的践行

Urban Landscape Planning and Design on Integrated Ecological Corridors

The Implementation of the Landscape Architect Framework
on Hengli Island, Nansha, Guangzhou

吴 超 梁睿中 彭 石 文惠珍 主编

中国建筑工业出版社

本书编委会

主　任：吴　超

副主任：梁睿中　彭　石　文惠珍

参　编：占　辉　严　飞　陈真莲　宗士良　程淑君

　　　　李　鼎　肖　宁　余泱悦　谷天露　肖亚明

　　　　李　斌　孙小溪　李海涛　张小明　汪　平

　　　　聂耳清　梁曦亮　蒋奇达

序言

　　南沙，是广州面向世界的南大门，更是粤港澳大湾区生态文明和高质量发展的重要示范区。在这个充满希望与挑战的时代，南沙区按照习近平总书记"人与自然和谐共生"理念，全面落实"绿美南沙行动计划"，让蓝绿空间占比超过 50%，用生态之美为城市赋能，用创新实践为未来铺路。

　　横沥岛尖，作为南沙新区明珠湾区的核心起步区，承载着"精明增长、精致城区、岭南特色、田园风格、中国气派"的时代使命。我们以复合生态廊道为抓手，在城市的功能空间中植入生态韧性，通过系统化、多层级的规划体系，实现城镇、生态、人文功能的统筹布局，并在未来城市建设试点中，树立零碳中央商务区的绿色标杆。横沥岛尖的每一步建设，都是对现代化都市新模式的有力实践，也是我们对"人民城市人民建，人民城市为人民"理念的深刻诠释。

　　生态景观总师制度作为横沥岛尖开发的重要创新举措，是由明珠湾管理局联合国际国内顶级团队凝聚智慧、协同共建的。在这一制度的框架下，我们不仅打造了大湾区的生态绿核和滨海活力轴，更通过生态框架、景观框架、综合交通网络等多重系统的协调联动，为城市发展注入了可持续动力。本书全面总结了横沥岛尖生态景观总师制度的理论、方法与实践，为新时代的城市开发提供创新样本。

　　横沥岛尖的发展并非独立的存在，它是南沙大格局下的有机组成部分。我们正加快推进广珠澳高铁、深中通道南沙支线等重大交通设施，构建"大湾区半小时交通圈"，在国际化、智能化与绿色化的交会处，为南沙区未来发展开辟新空间。同时，我们在庆盛枢纽、南沙湾等区域同步推进"精致城区"建设，邀请顶尖设计团队，将岭南风格与国际标准有机融合，探索兼具田园风光与现代气派的城市形态。

作为横沥岛尖开发建设的参与者和见证者，我们深感使命重大。在生态优先与功能融合的平衡中，我们不仅要兑现蓝图中的承诺，还要用实际行动证明南沙区能够在全球城市群竞争中脱颖而出。希望本书的出版能为更多同行提供启发，为城市生态文明建设贡献南沙智慧。

感谢所有参与横沥岛尖建设的同仁，是你们的付出与智慧，让这片土地在"生态优先、产城融合"理念下焕发出蓬勃生机。未来，我们将继续肩负使命，努力将南沙建设成为中国式现代化的生动样本，为粤港澳大湾区的绿色可持续发展注入新动能。

吴 超

前言

在全球化与城市化进程加速的当下，生态环境与城市发展的协调关系成为城市建设的核心命题。粤港澳大湾区作为国家重要的战略区域，在实现高质量发展的同时，面临着如何在复杂环境下平衡生态保护与功能开发的巨大挑战。横沥岛尖，作为南沙新区明珠湾起步区的重要组成部分，承载着生态修复与城市功能深度融合的示范使命。本书以横沥岛尖的生态景观规划与设计为核心案例，系统探讨了如何通过创新机制、科学规划与实践探索，实现生态与城市发展的共赢。

生态景观总师制度作为一种多学科协同的创新机制，在横沥岛尖项目中发挥了核心作用。它不仅为项目从规划到实施提供了全流程技术支持，更为生态景观规划领域的实践创新奠定了基础。本书围绕这一制度的实践展开，从理论到实践，从方法到实施，构建了一个完整的研究框架。

全书分为七章，内容环环相扣：第一章概述了粤港澳大湾区与南沙新区的战略背景，并深入阐释了横沥岛尖在区域发展中的定位与意义，确立了本书的研究框架；第二章系统梳理了生态景观总师制度的理论基础与实践探索，分析其在多专业团队协同中的关键作用；第三章聚焦于横沥岛尖的生态框架与景观框架规划，详细阐述了两者如何通过科学设计实现生态与功能的有机结合；第四章探讨了规划要素导控的方法与实践，展示了如何通过动态调整机制将规划目标精准转化为实施路径；第五章深入分析了生态景观总师制度在综合设计中的应用，重点揭示了设计方案从理论到落地的转化路径；第六章进一步剖析了协同机制在多学科团队中的具体实践，展现了总师制度在资源整合与高效管理中的重要价值；第七章总结了总师制度的实施成效，并展望了未来生态景观规划与城市发展的创新方向。

作为一本专注于新城生态景观规划与实践的专著，本书希望通过对横沥岛尖项目的总结，为新型城市开发中的综合开发、生态保护、规划设计相关管理人员和技术工作者提供实践参考。

　　鉴于作者水平有限，书中难免存在疏漏与不足，恳请读者批评指正，以期进一步完善相关研究内容。

目录

第一章　背景　　　　　　　　　　　　　　　　　013

　　第一节　新城概况　　　　　　　　　　　　　014

　　　　一、地理区位　　　　　　　　　　　　　015

　　　　二、生态基底　　　　　　　　　　　　　016

　　第二节　景观规划与挑战　　　　　　　　　　019

　　　　一、景观规划　　　　　　　　　　　　　020

　　　　二、开发挑战　　　　　　　　　　　　　020

第二章　总师制度　　　　　　　　　　　　　　　023

　　第一节　明珠湾总师制度体系　　　　　　　　024

　　第二节　生态景观总师制度　　　　　　　　　026

　　　　一、发展历程：从探索到实践　　　　　　027

　　　　二、制度的突破：打破边界的技术整合　　029

　　　　三、小结　　　　　　　　　　　　　　　031

第三章　生态景观规划　　　　　　　　　　　　　033

　　第一节　总体框架规划　　　　　　　　　　　034

　　　　一、生态框架规划　　　　　　　　　　　036

　　　　二、景观框架规划　　　　　　　　　　　044

　　第二节　分系统规划　　　　　　　　　　　　052

　　　　一、顶层系统总控　　　　　　　　　　　053

　　　　二、岸线系统协调　　　　　　　　　　　056

　　　　三、智慧系统赋能　　　　　　　　　　　060

四、绿色认证引领   063

五、小结   066

第四章   要素导控   069

第一节   方法与原则   070

一、导控方法   071

二、导控原则   072

第二节   重要空间导控   073

一、城市级公园   074

二、开放空间   077

第三节   全要素导控   081

一、环境生态导控   082

二、公共设施导控   085

三、慢行系统导控   088

四、景观风貌导控   091

五、小结   095

第五章   综合设计   097

第一节   理念与方法   098

一、韧性为基：弹性适应与系统缓冲   099

二、生态为核：生态功能的核心导向   099

三、景观为形：视觉美学与空间体验结合   100

四、人文为魂：社会价值与文化表达   100

第二节　韧性基础构建　　　　　　　　102

　　一、洪潮冲击的弹性应对　　　　103

　　二、生态基底的整合重构　　　　109

第三节　生态内核塑造　　　　　　　　120

　　一、核心生态斑块的结构化营建　121

　　二、多样生境与廊道的复合串联　125

第四节　景观空间营建　　　　　　　　128

　　一、自然舒适的环境　　　　　　129

　　二、活力多元的空间　　　　　　133

　　三、精细美观的品质　　　　　　137

第五节　人文之魂融入　　　　　　　　142

　　一、岭南文化的传承创新　　　　143

　　二、工业遗存的活化利用　　　　146

　　三、都市魅力的持续激活　　　　148

　　四、小结　　　　　　　　　　　150

第六章　协同机制　　　　　　　　　　153

第一节　总师管理协调　　　　　　　　154

　　一、总师与设计的协作　　　　　155

　　二、总师管理工具　　　　　　　156

　　三、内部沟通方式　　　　　　　157

第二节　项目接口管理　　　　　　　　160

　　一、接口管理的核心思路　　　　161

二、接口管理工具的实践应用 161

第三节 工程实施引导 166

 一、施工图审核 167

 二、设计交底与现场巡查 168

 三、小结 169

第七章 结论与展望 171

 一、总师制度的成效 172

 二、未来展望与建议 172

　　粤港澳大湾区是习近平总书记亲自谋划、部署并推动的国家级战略，其核心目标是建设全球竞争力一流的世界级城市群。在这一战略布局中，南沙新区凭借连接珠三角与国际市场的枢纽地位，成为推动区域经济一体化和高质量发展的关键节点。在国家政策的引导下，南沙新区大力布局总部经济、科研创新等高端服务业，致力于打造具有国际影响力的中央活力区，为珠三角的协同发展与生态保护提供战略支撑。横沥岛尖作为南沙新区的重要实践单元，通过生态景观规划与城市功能的深度融合，充分展现了国家战略下经济与生态并重发展的核心理念。

第一节　新城概况

明珠湾横沥岛尖地处广州市南沙新区核心地带，作为南沙新区的重要组成部分，重点发展高端服务业和总部经济等产业功能。该区域的规划不仅重视产业集聚，还强调生态环境保护，充分利用海江河交汇的地理优势，力求打造具有粤港澳合作服务功能的中央商务区。横沥岛尖的定位反映了南沙新区在经济与生态双重平衡下追求可持续发展的努力。

一、地理区位

南沙位于广州市的最南端，毗邻珠江虎门水道，是西江、北江和东江三江交汇之地，也是广州的唯一出海通道。独特的地理位置赋予南沙重要的战略意义：它不仅是珠三角的生态枢纽，还为城市发展提供了丰富的水资源和湿地生态。南沙通过数千年河海冲积逐渐形成独特的地貌，发展成为典型的三角洲平原。从新石器时代至今，南沙见证了人类活动对自然环境的持续影响。

近年来，南沙在城市建设上取得了显著成就。随着《广州南沙新区发展规划》的获批，南沙被设立为国家级新区并纳入广东自贸试验区，成为粤港澳大湾区的重要开放门户。同时，国务院发布了《广州南沙深化面向世界的粤港澳全面

地理区位

明珠湾城市规划意向（左：鸟瞰；右：横沥岛尖核心商务区）

合作总体方案》，进一步将南沙定位为深化粤港澳全面合作的示范区和全球开放合作的枢纽。

根据《南沙方案》要求，南沙积极推进与港澳的科技创新、产业协同、现代服务业等方面的深度合作，吸引全球资源与创新项目落地，构建宜居可持续的生态空间。在此背景下，南沙的基础设施建设加速推进。南沙港铁路、南沙大桥等项目相继落成，进一步巩固了南沙在广州市经济布局中的核心地位。

横沥岛尖是南沙新区的重要功能片区，其规划定位于构建国际化的中央商务区和粤港澳大湾区的创新引擎。项目聚焦金融、科技创新和高端服务业，致力于实现"生态优先、产城融合"的发展目标，通过引入具有全球影响力的产业集群和生态友好的空间布局，横沥岛尖不仅承载了推动区域创新发展的重任，也为大湾区未来的生态城市建设树立了新标杆。

新城规划以"世界金融岛，南沙新名片"为主题，通过"两心、一轴、三廊、多区"的空间布局，在功能与美学之间寻求平衡与创新。"两心"指横沥东枢纽和横沥枢纽的核心发展区域，"一轴"沿中轴涌贯穿岛屿，"三廊"则由长沙涌、义沙涌和三多涌组成生态绿廊。多功能布局不仅服务于高端金融和科技创新需求，也通过生态设计提升了岛屿的整体景观质量，为居民和游客提供宜人的自然环境和丰富的空间体验。

二、生态基底

作为广州市唯一的沿海区域，南沙区承担着珠三角区域生态网络建设的重要责任，其耕地和湿地生态系统长期以来为区域提供了坚实的自然基础。区域内河网密布、咸淡水交汇，孕育了典型的河口湿地生态系统，为中华白海豚、中华鲟等珍稀物种提供了重要栖息地。然而，这一生态环境因其敏感性和脆弱性，既面临保护与修复的需求，也具备独特的生态科研价值。在粤港澳大湾区发展战略中，南沙的生态资源不仅是区域发展的自然资产，更是推动可持续发展的关键要素。

　　南沙区的生态保护战略以生态廊道为核心，特别是国际意义重大的候鸟迁徙廊道。作为东亚－澳大利亚西候鸟迁徙路线上的重要节点，南沙每年吸引成千上万的候鸟停歇与繁殖，其中，湿地公园及其周边区域已成为全球鸟类多样性保护的热点。依托这一生态廊道体系，南沙构建了"通山达海"的生态空间格局，通过"三纵五横"的生态绿廊网络，串联区域内湿地与森林资源，进一步促进了生物多样性保护与生态链条延续。

广州市生态廊道布局
（https://www.gz.gov.cn/
zwgk/fggw/szfwj/content/
post_9890504.html）

湿地公园
（图片来源：王晋，黄天寅，刘寒寒.蓝绿相融 城水共生：苏州市海绵城市建设研究与实践 [M].北京：中国城市出版社，2023：63.）

横沥岛尖恰好处于候鸟迁徙廊道与横沥岛－鳧洲水道构成的河流生态廊道相交汇的复合廊道区域。新城规划高度重视生态保护，保留了大量滨水绿地和湿地，构建生态廊道网络，以提升环境质量并为居民提供优质的生活与休闲空间。智慧城市和智能交通的设计进一步支持生态低碳发展，使得横沥岛尖在实现城市功能的同时可有效减少对自然环境的影响。

一、景观规划

横沥岛尖的规划充分体现了南沙新区作为粤港澳大湾区核心功能区的战略定位，同时为可持续城市发展提供了创新示范，强调生态保护与城市发展的有机融合。作为这一理念的核心载体，景观设计在项目规划中占据重要地位。

项目景观规划以"一横三纵"为总体框架，东部岛尖的生态绿地被定位为全岛的核心生态绿核，致力于提升绿化覆盖率并打造综合性的"都市公园"，为高强度都市环境中的居民与游客提供生态休闲空间。此外，通过贯穿东西的中轴涌生态廊道，以及纵贯南北的三条生态绿廊，自然水道有效串联起各主要功能组团，形成连续的生态网络，在实现景观美学的同时优化功能区之间的联系。

横沥岛尖绿地景观规划（左：规划结构；右：规划意向）
图片引自《明珠湾起步区（横沥岛）控制性详细规划修编》

二、开发挑战

在横沥岛尖新城开发建设过程中，景观已被赋予了较高的地位：不仅要满足美观需求，还需体现功能性和独特性。这对项目管理、沟通协调和创新能力提出了更高的要求。由于工期紧、任务重，建设中面临建设条件、工期管理和多方协调等方面的挑战。如何有效应对这些挑战，成为新城生态景观能否实现高品质建设的关键。

首先，岛屿地处河网密集区，地质条件复杂，土层软弱且沉积层厚，需要进行大量地基加固、排水和沉降监测，以确保建筑的长期稳定性。复杂的地质条件

横沥岛尖航拍

对工程预算和工期提出了更高的要求，同时岛屿生态的敏感性也要求施工中采取严格的环保措施，避免对周围湿地和水体造成破坏。

其次，横沥岛尖建设工期紧张，需确保包括国际金融论坛在内的项目按时交付。项目管理团队需具备极高的时间控制和协调能力，任何环节的延误都可能影响整体进度。为此，项目管理方需制订详细的施工计划，并制订应急预案以应对突发状况。

最后，横沥岛尖项目涉及政府、企业、设计、施工等多方参与。多方的需求、沟通流程和决策方式不同，需要建立有效的沟通机制，确保信息传达和决策效率。同时，项目管理方需在多方需求间找到平衡，实现商业利益与公共利益的协调统一，确保设计的美观与功能性相结合。

横沥岛尖的开发不仅需要先进的生态规划理念，更依赖于科学的技术管理与协同创新的工作机制。在这一过程中，总师制度以其独特的统筹功能和专业化支持，成为破解复杂工程难题的重要保障。接下来的章节将重点剖析明珠湾总师制度的理论框架及其实践经验，探讨其如何在横沥岛尖的生态景观规划与实施中发挥关键作用。

作为南沙新区的重要组成部分，横沥岛尖项目通过生态保护与城市功能的高度融合，为粤港澳大湾区的可持续发展提供了实践样本。在这一过程中，生态景观总师制度凭借其系统化、创新性的管理模式，实现了从规划设计到实施落地的全链条高效协作。这一制度不仅提升了项目的实施效率，更为区域生态保护与城市发展提供了有益的实践样本。

第一节 明珠湾总师制度体系

　　总师制度是一种在大型综合项目中，通过设立各专业总负责人的管理模式，确保项目从规划到实施的全过程质量和协调性。在这一制度体系中，每位总师负责其相应领域的技术监督、方案审核和跨部门协调，推动不同专业的紧密合作，实现统一的建设目标。总师制度的优势在于将宏观战略与微观执行深度结合，特别适合于需要多专业协同的城市开发、基础设施建设和生态景观项目，能够有效保障技术规范和设计标准的高水准。

　　明珠湾项目通过创新性引入总师制度，形成了"管理局＋总师＋参建单位"的高效协作模式。管理局负责总体统筹，各总师团队深度参与技术监督与跨专业协作，参建单位则执行具体设计与施工任务。通过这种多层次的协作机制，项目得以在复杂条件下实现高标准的规划与建设。明珠湾管理局作为该体系的一部分，承担了规划与统筹职能，负责片区内的管理协调和整体推进，确保总师制度的顺利实施。管理局在规划与建设的每个阶段，配合各总师的专业需求，发挥协调和管理作用，使制度具备了系统性和执行力。

　　明珠湾总师制度体系包含五位核心总师角色：总规划师、城市设计总师、桥梁总师、生态景观总师和绿色低碳总师。总规划师负责总体规划的上位指导，从宏观上把控城市规划定位和建设目标；城市设计总师专注于城市设计的质量把控，兼顾美观与功能性；桥梁总师主要负责桥梁的设计与施工，确保其与周边环境协调一致；生态景观总师侧重于片区生态景观的规划与保护，强调绿色空间的建设；而绿色低碳总师则负责更广泛的低碳城市目标管理，打造绿色低碳示范区。每位总师从规划到实施全程监督其相应领域的执行情况，确保技术方案与总体目标紧密契合。这种"管理局＋总师＋参建单位"模式可通过专业与管理的协同，形成高效的技术管控体系。

　　在总师制度框架下，技术管理过程中还引入了接口管理工具，强化各专业之间的衔接效率。各总师团队在管理局的支持下，通过多层次的决策机制和质量控制流程，从规划设计、施工执行到动态反馈，实现各专业系统的无缝对接。同时，管理局根据项目需求制定成果验收标准，确保从设计到施工的各环节符合片区发展的高标准要求。

　　通过总师制度的实施，横沥岛尖片区的规划和建设达到了高度的专业化与系统化。管理局、总师和参建单位在该体系中协同运作，为区域开发提供了一个创新性的保障机制。明珠湾总师制度在横沥岛尖项目中的成功实践，为区域开发中复杂生态与城市功能协调提供了技术支持。

第二节　生态景观总师制度

生态景观总师制度作为横沥岛尖片区开发的技术核心，是景观与生态协调发展的制度化保障。这一制度的意义不仅在于管理方式的创新，更在于为复杂城市片区提供了一种全新的系统性解决方案。通过打破传统设计的边界，生态景观总师制度展现了高度的组织协调能力和技术整合优势，使生态保护与功能需求在复杂的城市发展中得以平衡。

一、发展历程：从探索到实践

总师制度的构建并非一蹴而就，而是横沥岛尖项目在生态景观实践中不断探索、总结和优化的成果。这一制度的形成经历了三个关键阶段：初步探索、制度成型和全面实践。

（一）初步探索阶段

横沥岛尖项目启动之初，明珠湾管理局面临多方面挑战：场地条件复杂、各参与单位的目标分歧较大、设计成果与实施条件脱节等。为了应对这些问题，管理局在项目早期引入了"生态景观总师"的概念，试图通过专家团队的技术指导和统筹协调来弥补多专业协作中的盲点。

在这一阶段，总师团队主要参与生态廊道规划和初步设计的框架构建。他们通过调研分析和动态反馈，梳理出场地的生态优先顺序和功能目标，为后续的规划提供了明确方向。然而，由于初期缺乏系统性管理模式，参与方对总师团队的职责定位和具体分工尚不明确，导致设计与实施环节中的协调效率较低。

（二）制度成型阶段

在初步探索取得初步成效后，明珠湾管理局意识到，需要从制度层面强化总师团队在规划、设计和实施各环节中的统筹作用。因此，在项目中期阶段，通过与总师团队和参建单位的多轮讨论，逐步形成了以"总师团队为核心，参建单位为执行主体"的基本管理架构。

这一阶段，总师制度的核心目标从技术支持拓展为多专业协作机制，初步建立了以下工作机制：

组织架构完善：明确了管理局、总师团队和参建单位的职责分工，强化了总师团队的指导和监督职责。

技术反馈闭环：设计了从规划到实施的动态调整路径，推动设计成果与场地条件的无缝衔接。

工具系统引入：初步试点了"四表一单"等技术管理工具，为多团队协作提供制度化保障。

这一阶段，总师团队通过制定科学的生态指标体系和导控方案，在设计环节中成功推动了生态优先理念的落地。例如，在滩涂湿地修复设计中，依托总师制度的技术支持，项目在动态水文条件下实现了生态功能与景观效果的兼容。

（三）全面实践阶段

在横沥岛尖项目后期，总师制度进入全面实践阶段。总师团队不再仅局限于技术指导，还承担了更广泛的统筹协调和问题解决职责。随着制度的深化和完善，总师制度逐渐展现出以下特征：

全周期管理：总师团队从规划设计扩展至施工阶段，全面参与项目的接口管理、施工图审核及现场巡查工作，确保设计意图的精准落地。

动态调整机制：通过定期例会、专项讨论会和设计复盘，总师团队在场地条件变化或外界因素干扰时，能够迅速响应并调整设计方案。例如，在外江岸线设计中，由于控规调整导致原设计方案的边界条件变化，总师团队及时协调多方，

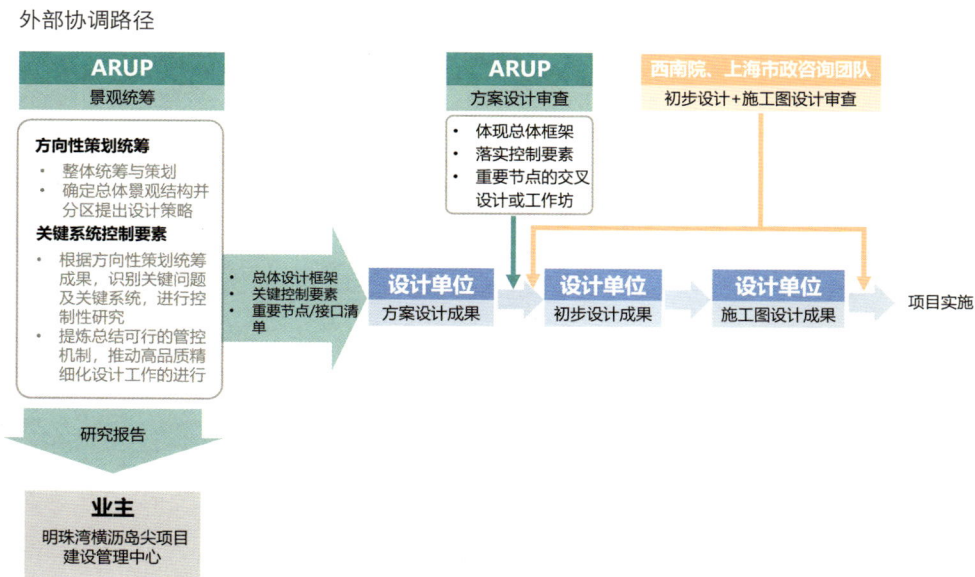

生态景观总师的工作路径

制定了新的生态岸线构建方案。

从早期的概念探索到中期的制度成型，再到后期的全面实践，生态景观总师制度经历了从无到有、从点到面的发展历程。这一过程既是对横沥岛尖项目实际需求的精准回应，也是明珠湾管理局在生态景观规划与实施领域的重要创新。其成熟与完善，不仅为横沥岛尖项目的成功奠定了基础，更为生态优先理念的实践提供了切实可行的路径。

二、制度的突破：打破边界的技术整合

横沥岛尖项目的成功实施离不开制度上的创新突破。通过建立以总师制度为核心的协作体系，项目团队打破了多领域间的技术壁垒，实现了从规划设计到实施管理的无缝衔接。这一突破，不仅推动了多方联动的高效协作，也为复杂生态项目的技术整合提供了新思路。

（一）构建无界协作的管理体系

横沥岛尖项目首次将"无界协作"的理念融入生态景观规划与管理，通过构建以总师制度为核心的管理框架，实现了多领域技术的整合与资源的优化配置。

多层级协同架构：项目构建了由总师团队、管理局及参建单位组成的三层级协作架构。其中，总师团队负责规划目标的制定与技术协调，管理局统筹行政资源与外部沟通，参建单位具体执行方案落地。各层级职责分明、配合紧密，避免了传统复杂项目中常见的职责交叉与推诿问题。

核心驱动：总师制度。总师团队作为全流程的技术引领者，不仅为规划设计提供战略指导，还通过动态反馈机制，在施工环节对设计成果进行校核和调整，确保技术目标与实施效果的高度一致。

机制保障：分阶段评估与调整。在不同设计与实施阶段，通过组织例会、专题研讨及动态复盘，总师团队确保各环节成果能够有效衔接。特别是在遇到外部条件变化或技术冲突时，制度化的评估机制能够快速识别问题并调整方案。

（二）技术整合：跨领域的深度协作

横沥岛尖项目通过制度创新有效打破了各专业间的技术壁垒，为生态景观规划与实施提供了科学解决方案。

多专业交叉的设计协作：项目在实施过程中涉及生态、景观、水利、交通等多个领域的协同作业。以滩涂湿地修复为例，总师团队通过整合设计、生态和水利专业的资源，提出了耐盐植物种植、动态水位调节及表层土壤改良等复合型解决方案，成功应对了盐碱化这一技术难题。

动态调整的接口管理：面对复杂的场地条件与动态变化，项目通过接口清单、矩阵跟踪表等工具，对各子系统进行实时监控与调整。例如，在滨水景观廊道建设中，由于上位规划的变动影响了部分生态廊道的连续性，设计团队结合总师意见，采用立体绿化与垂直廊道形式弥补不足，从而实现了生态与景观功能的同步优化。

资源共享与优化配置：通过总师团队的统筹协调，各专业单位不仅在技术层面实现了资源共享，也在设计资源、工程材料及施工进度上形成了协同效应。例如，场地内原有的工业遗存通过艺术化改造融入景观设计，既保留了文化记忆，又降低了新增材料的消耗，体现了资源利用的最大化。

（三）制度创新的实践成效

横沥岛尖项目的制度创新，不仅解决了传统复杂项目中多方沟通不畅、资源浪费等问题，还推动了技术整合与管理模式的全面提升。

实现设计目标的高效落地：通过总师制度与技术整合的深度协作，项目成功构建了以生态廊道为核心的复合景观体系，不仅达成了设计目标，还显著提升了场地的生态价值与社会功能。

优化多团队协作模式：以无界协作为原则的协作机制，通过动态反馈与实时调整，提高了各团队间的协作效率，减少了因沟通不畅导致的返工与延误。

树立生态项目管理标杆：横沥岛尖项目的协作模式与制度创新，为类似复杂生态项目提供了可借鉴的管理经验，展现了制度突破与技术整合的双重价值。

从管理体系的重构到技术整合的实践，横沥岛尖项目通过总师制度的引领与创新性协作机制的建立，实现了各专业间的无缝协作。这一过程中，不仅打破了领域间的技术壁垒，还为生态景观规划与实施提供了全新的解决思路，开创了复杂项目管理的新模式。

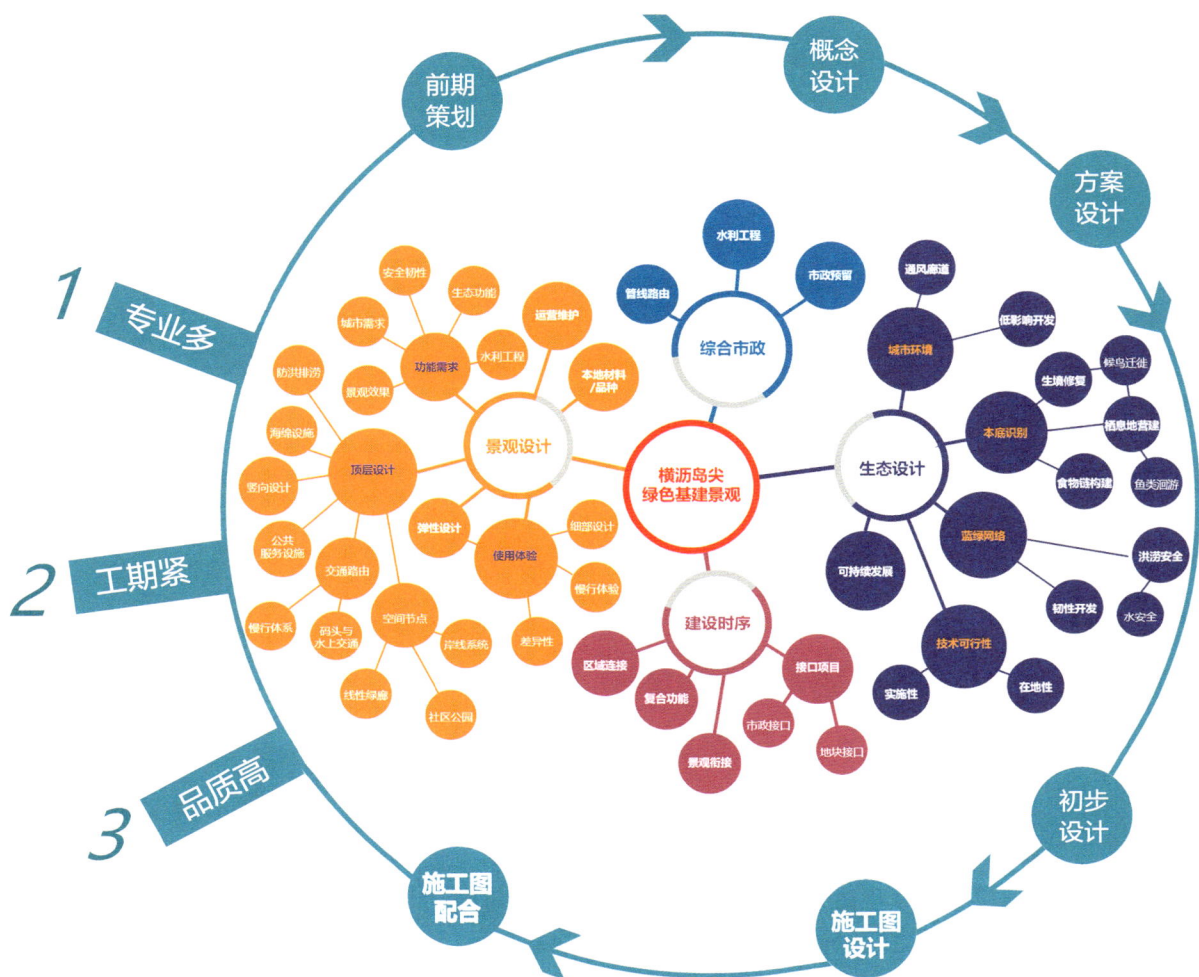

生态景观总师主导的全周期技术整合

三、小结

　　生态景观总师制度作为横沥岛尖项目的核心技术支撑，实现了生态与城市发展的有机统一。通过多专业团队协同、动态化的管理模式以及创新的景观设计实践，项目成功打造了融合生态保护、城市功能与文化特色的复合景观体系。这一制度的成功实践为粤港澳大湾区乃至更广泛区域的生态城市开发提供了可借鉴的经验，也展现了技术与制度创新在推动城市高质量发展中的重要价值。

　　生态景观规划对于横沥岛尖而言，不仅是实现生态与城市功能融合的关键策略，也是粤港澳大湾区在可持续发展方面的一项创新实践。在生态景观总师制度的指导下，规划遵循"生态优先、产城融合"的理念，通过综合的生态与景观规划，塑造了一个包含复合生态廊道和多维景观体系的蓝图。本章将详细探讨横沥岛尖如何通过这种全方位的规划方法，增强区域的生态价值，并构建一个集居住、商业和文旅于一体的滨水城市典范。

第一节　总体框架规划

　　横沥岛尖作为南沙新区明珠湾起步区的核心承载区，承担着推动区域高质量发展的重要责任。该区块内布局了国际金融论坛（IFF）等重大项目，提出了"世界金融岛 南沙新名片"的功能定位，明确其在国际交流、绿色金融和岭南水城风貌上的发展特色。

　　在考虑与未来横沥岛整体功能和定位相匹配的前提下，横沥岛尖的景观功能需要兼顾城市功能的多元体验、展现山水及人文地域特质的空间意向、韧性可持续的生态发展策略。因此，我们提出"自然城市景观"的城市愿景，在环境、生态、人文三个维度下，重构南沙的生态本底，建立一个复合多元、融会共生、充分提升城市综合效益的城市景观系统。

　　为保障横沥岛尖的可持续发展，规划团队建立了"框架＋系统"的景观规划体系。总体框架规划以宏观视野对区域的未来进行了科学布局，其中包含两个关键的组成部分——生态框架规划和景观框架规划。生态框架规划以保护与修复生态功能为核心，涵盖生物多样性保护、生态廊道建设和水资源管理等内容。景观框架规划以生态框架为指导，着重通过景观设计强化生态功能。例如，在中轴涌和滨水区域，景观规划不仅构建了可供人类活动的开放空间，还通过引入多层次植被结构和湿地系统提升了生态连通性和水体自净能力。通过这样的协同设计，景观框架规划在优化城市功能的同时，有效支持了生态目标的实现。

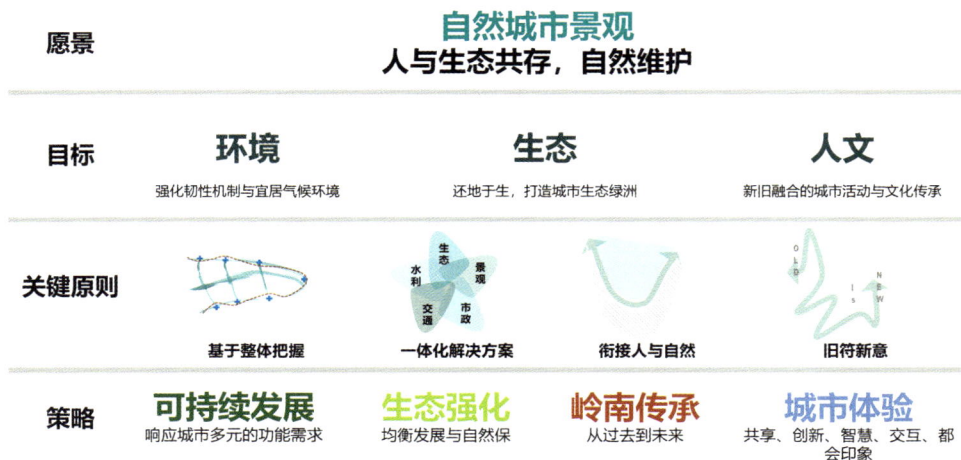

总体规划思路

一、生态框架规划

面对全球气候变化与城市化进程的双重挑战，横沥岛生态框架规划将生态修复与城市可持续发展紧密结合。在规划初期，规划团队通过对区域的生态环境、资源条件和发展需求进行深入分析，成功识别了区域面临的主要环境挑战：洪涝灾害、空气污染、生物多样性减少、水环境恶化以及热岛效应。针对这些挑战，提出了六大设计目标：雨洪调节、水质提升、空气净化、生境修复、生物多样性提高和微气候改善，并通过三大维度的生态景观微体系——健康稳定的生态体系、安全韧性的蓝绿网络和舒适多感的环境体系来落实这些目标。这些生态景观微体系不仅为后续设计提供了框架，同时也提升了生态目标的可实施性和操作性。

（一）健康稳定的生态系统

在快速城市化的背景下，如何恢复和优化生态系统成为横沥岛尖规划的核心课题。健康稳定的生态系统以构建复合生态廊道为抓手，通过改善栖息地条件和提升生物多样性，实现人与自然的深度融合。

复合生态廊道不仅是生物迁徙的通道，更是区域生态功能的重要纽带。在横沥岛尖，廊道设计以动植物资源调查为基础，聚焦生物链脆弱环节的修复和栖息地环境的优化。规划提出了构建以中轴涌为核心的一级生态廊道，并辅以三多涌、沙义涌和长沙涌等二级廊道，从而形成南北贯通、东西联动的复合生态网络。这种复合廊道不仅满足了物种迁徙的需求，还通过生态节点的系统联通，提升了区域生态系统的稳定性和韧性。

措施 1：目标物种选择与生境优化

横沥岛生态规划选择了鹭类、鹬类和蛙类三大类共 12 种目标生物，作为监测与修复策略的核心关注对象。这些目标物种具有显著的生态指示功能：鹭类和鹬类作为湿地生态系统中的高级消费者，能够直观反映食物链修复效果；蛙类则凭借其对水体环境的敏感性，成为衡量城市湿地健康的重要指标。通过目标物种的监测与优化，规划策略更加精准地契合区域生态保护需求。

以鹭鸟栖息地修复为例，规划团队充分利用江心洲相对隔绝的自然环境，将其打造为以修复保育为核心的人类活动缓冲区。江心洲的栖息地设计分为修复保育区、缓冲区和人类活动区，修复保育区面积占比大于 40%，用以保护鹭鸟核心活动空间；

目标物种识别

栖息地识别

缓冲区控制在 20%，用于限制人类活动对生态的影响。这种以生态优先为主的设计，不仅为鹭鸟提供了安全的栖息环境，也为区域生态功能提升奠定了基础。

　　本次生态岛规划中关于功能区、缓冲区、保育区的比例设置，借鉴了加拿大 James 生态岛屿、日本东京湾葛西海滨公园等成功案例，在生态岛初步景观概念

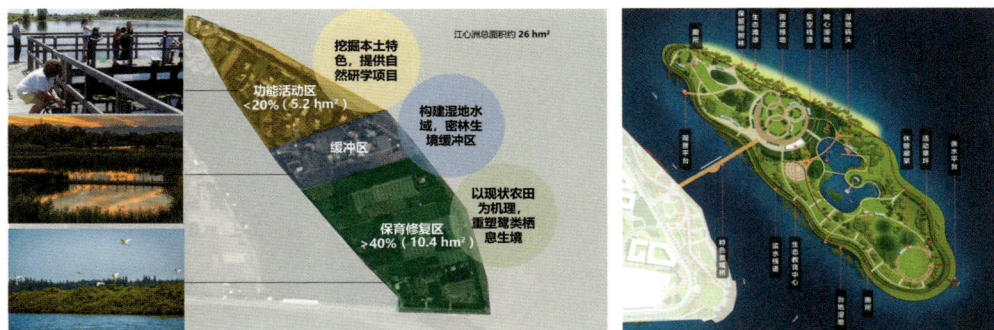

江心洲鹭鸟栖息地规划与初步景观概念规划对比
（左：栖息地规划分区；右：初步景观概念规划）

东京湾葛西海滨公园案例分析

规划的基础上，更加突出了人的活动与自然活动之间的平衡，为生态概念的最终落地提供了规划依据。

措施 2：内河涌的生态廊道建设

　　作为横沥岛复合生态廊道的核心，中轴涌不仅连接了湿地公园和东部江心洲生态斑块，还通过贯通的生态廊道，为多种水陆生物提供连续的迁徙与栖息通道。廊道的两岸设计融入了滨水绿地、湿地滞洪区以及栖息地斑块的优化布局，特别是在鹬类和水鸟的觅食与停歇场所建设上，注重栖息地的生态完整性。结合植栽结构和微地形塑造的技术手段，中轴涌不仅提升了生态连通性，还实现了景观与生态功能的深度融合。

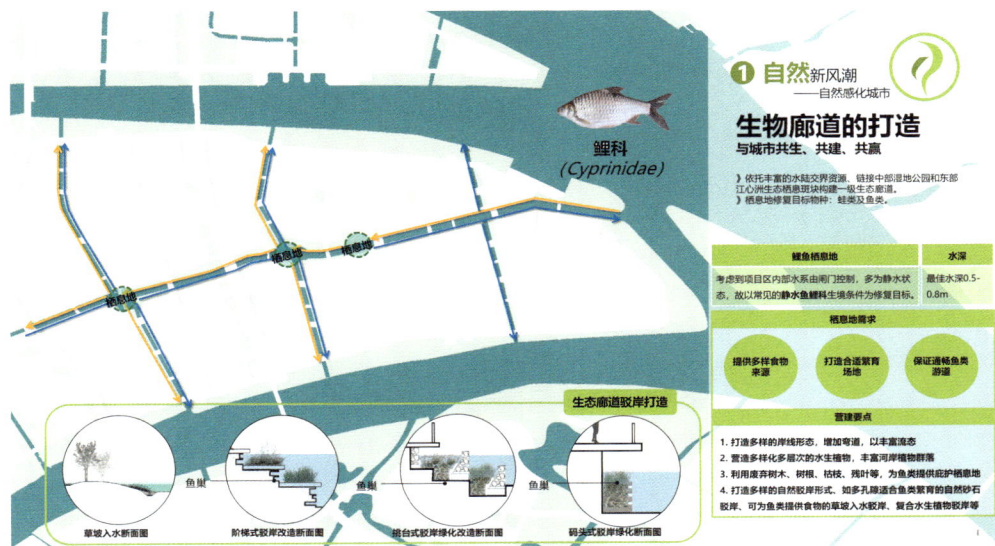

内河涌生态廊道规划

在一级廊道之外，二级廊道如三多涌和长沙涌则着眼于补充区域内的小型生态循环体系。二级廊道沿线布置植被和水体结合的生态节点，形成连续性较强的小型栖息地斑块，既满足小型物种的生活需求，也为生态系统提供更高的稳定性和弹性。例如，在长沙涌周边增加滨水湿地修复区，通过植被引导与水质净化设施的组合，实现小型水鸟和蛙类的栖息环境优化。

横沥岛内河涌廊道栖息地等级

等级	河涌	规模	腹地宽度	功能界定
一级生态廊道	中轴涌	长度 3.6km，河道宽度 50m	部分 ≥35m，大部分 25 ~ 35m，少量 10 ~ 15m	连接中部湿地公园和东部江心洲生态栖息斑块，为区域生物信息交换提供通道
二级生态廊道	长沙涌	长度 1.2km，河道宽度 30m	大部分 25 ~ 35m	促进南北向生物信息交流
	义沙涌	长度 1.5km，河道宽度 30m	大部分 15 ~ 25m	
	三多涌	长度 1.8km，河道宽度 30m	大部分 25 ~ 35m	

（二）安全韧性的蓝绿网络

安全韧性的蓝绿网络是应对城市水安全和生态功能需求的重要解决方案。在横沥岛尖，蓝绿网络体系的构建以外江、内涌和街区的三级水安全体系为基础，同时结合生态防护策略，实现洪涝防御与生态修复的双重目标。这一体系不仅强化了区域的洪水调蓄能力，也通过多层级的生态节点建设，提升了水资源管理的综合效益。

措施 1：三级水安全体系的分级标准

根据外江、内涌和街区的功能差异，规划团队为每一级水安全体系制定了具体标准：

外江：要求达到 200 年一遇的防洪标准，通过构建生态堤防，保障对于洪潮的抵御能力。

内涌：防洪标准为 50 年一遇暴雨，确保 24 小时内无灾害性积水。

街区：控制年径流总量 70% 以上，并在重点区域采取雨洪调蓄设施以减少内涝风险。

例如，外江防洪体系采用湿地－红树林－沼泽草甸－礁石的多层级生态防护结构。一方面，这种结构通过物理屏障减缓洪潮冲击；另一方面，它为鸟类和鱼类提供了丰富的栖息环境。例如，在横沥岛外江防护设计中，通过潮间带湿地修复和红树林种植，既增强了对于洪潮的防御能力，也恢复了中华白海豚等水生物种的栖息条件。

措施 2：蓝绿网络的生态功能优化

蓝绿网络的设计聚焦于生态岸线、滨岸缓冲带和滞洪湿地的多功能整合。以

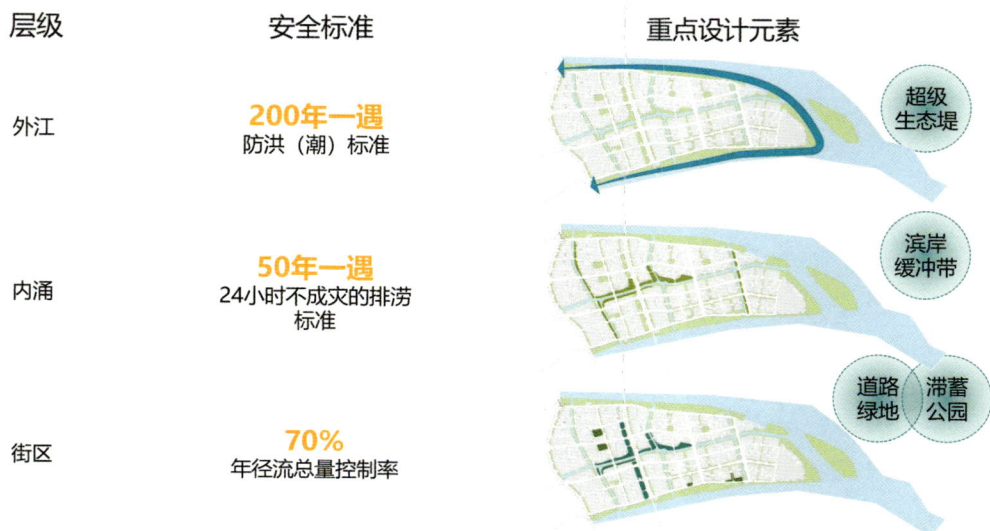

层级	安全标准	重点设计元素
外江	**200年一遇** 防洪（潮）标准	超级生态堤
内涌	**50年一遇** 24小时不成灾的排涝标准	滨岸缓冲带
街区	**70%** 年径流总量控制率	道路绿地　滞蓄公园

三级水安全体系

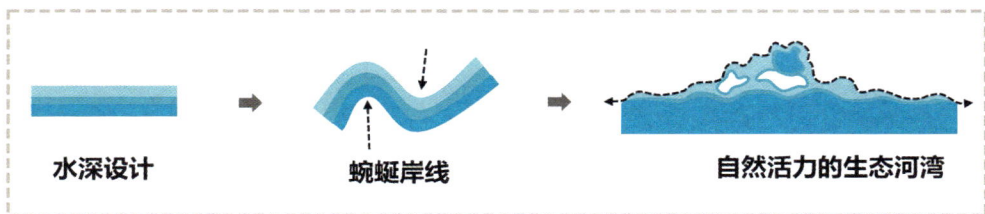

生态岸线构成原理

生态工程	初步落位建议	参考案例
1. 湿地	内外河交界处/港口/现状滩地生境	
2. 潮间带红树林	现状泥质/沙质漫滩地 围垦鱼塘等土壤污染段落	
3. 生态海墙	硬质堤角线	

部分生态工程初步落位建议及参考案例

长沙涌和义沙涌为例，规划通过差异化的生态岸线设计，将洪水调蓄能力与生态修复功能有机结合，构建了兼顾安全性和生态性的滨水空间。滨岸缓冲带则通过植被层次化布局和缓坡设计，结合生物滞留池等设施，不仅显著提升了水质净化效率，还为小型鸟类和昆虫等多样化物种提供了优质的栖息环境。通过功能复合化设计，蓝绿网络体系在提升区域生态功能的同时，也为市民提供了近距离接触自然的多样化体验。

在滞洪湿地中，通过人工地形塑造和植被选型优化，构建雨洪调蓄功能。例如，在中轴涌湿地公园内设置多功能湿地节点，不仅吸纳了城市径流，还为鹬类等水鸟提供了觅食和停歇场所。湿地节点的设计强调"自然做功"，即依靠生态系统的自我调节能力，实现洪水管理与生态服务功能的统一。

措施3：从外江到街区的空间策略

外江的生态防护体系关注全流域的防洪与生态平衡。通过构建以潮间带湿地为核心的复合岸线，将外江、潮间带和堤岸公园的生态功能有机融合。例如，外江堤岸的多层级植被体系包括红树林、沼泽草甸和滩涂植物群落，不仅提高了防护洪水的能力，也通过生境多样性吸引了大量水鸟。

内涌的生态策略则更关注与城市功能的结合。通过建设末端生态处理设施和滨水绿地走廊，内涌水质得到有效提升。同时，结合海绵城市策略，在重点区域增设雨水花园和生物滞留设施，增强街区的水环境承载力。

街区层面重点关注雨洪调蓄功能与景观设计的融合。例如，在凤凰大道沿线设置了海绵绿地和下凹式广场，这些设施不仅大幅增强了区域的雨水调蓄能力，还为居民创造了兼具亲水性和生态教育意义的开放公共空间。通过生态设计与功能设施的结合，街区环境的韧性与适宜性得以同步提升。

分区策略

廊道	微气候改善	空气净化	水质提升	雨洪调节	生境修复	生物多样性	设计参考（第二阶段关键系统控制性研究阶段）
灵新大道	★★	★★	★★★★	★★	★★	★★	海绵设施设计
三多涌	★★★★★	★★★★★	★★★★★	★★★★★	★★★	★★★	风廊设计 生态岸线设计 海绵设施设计
义沙路	★★	★★	★★★★	★★	★★	★★	海绵设施
凤凰大道	★★★★★	★★★★★	★★★★★	★★★★	★★★	★★★	海绵设施设计 风廊设计
义沙涌	★★★★★	★★★★★	★★★★★	★★★★★	★★★	★★★	风廊设计 生态岸线设计 海绵城市设计
金融大道	★★	★★	★★★★	★★★	★	★	海绵设施设计
长沙涌	★★★★★	★★★★★	★★★★★	★★★★★	★★★	★★★	风廊设计 生态岸线设计 海绵设施设计
中轴涌	★★	★★	★★★★★	★★★★★	★★★★	★★★★	风廊设计 生态岸线设计 海绵设施设计 迁徙廊道设计
外江堤环	★★	★★	★★★★★	★★★★★	★★★★	★★★★	潮间带修复 河口湿地设计

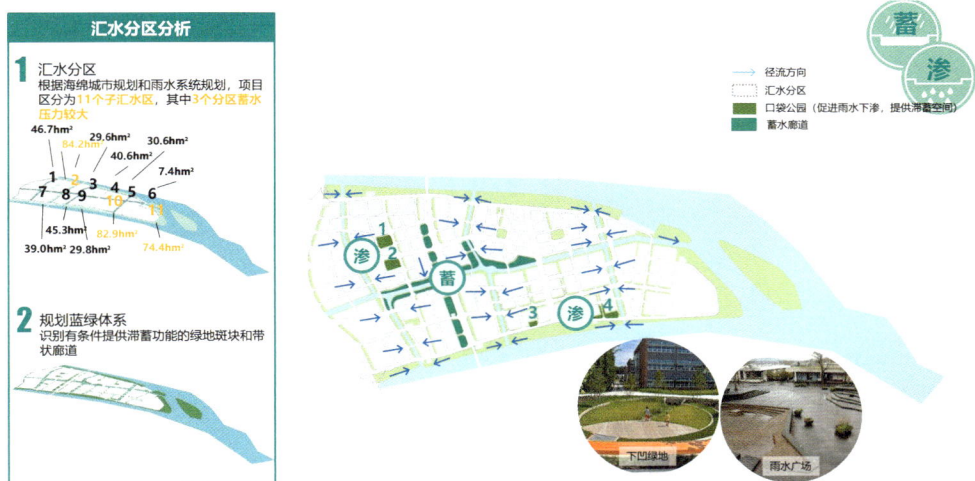

街区汇水分区及海绵调蓄系统规划

（三）舒适多感的环境体系

舒适多感的环境体系以优化城市微气候和提升空气质量为核心目标，通过构建通风廊道、冷源斑块和植被网络，全面提升区域的气候舒适度和生态宜居性。这一体系以技术分析为基础，结合用地开发强度和风环境条件，从空间规划到景观设计，提供了一套完整的改善策略。

措施1：通风廊道的优化布局

在城市微气候改善中，通风廊道的优化布局具有重要意义。横沥岛尖项目依托热岛效应分析与风环境模拟，明确了南北贯穿的中轴涌为核心主通风廊道，通过绿色通廊有效连接各生态节点，形成连续的空气流动体系。在具体设计上，沿线选用了榕树、木麻黄等本地乔木和灌木种植，进一步增强空气净化效能，同时在通风带中引入步行道和遮阴设施，为市民提供舒适的休闲空间。通风廊道的建设实现了生态服务与宜居环境的高度融合。

措施2：冷源斑块的分布设计

冷源斑块通过水体和植被结合，成为区域降温的核心功能点。例如，在滨水区域设置大面积的生态湿地和人工湖，利用水体蒸发效应缓解周边的热环境压力。同时，在居民区周边增加绿地比例，选用高冠幅、强蒸腾作用的树种，如凤凰木和大叶榕，形成冷岛效应，显著降低周边区域的热岛效应强度。

通风廊道布局与冷源斑块分布

措施 3：高覆盖率植被网络的构建

植被网络是舒适多感环境体系的重要组成部分，通过分层布局和种植多样化，提升绿地覆盖率和生态功能。例如，在街区内部采用垂直绿化、屋顶花园等手段，将绿地系统从水平空间延展至立体空间。结合公共绿地、社区公园和行道树带，形成连续性强的植被网络。研究显示，这种多层次植被网络可将城市空气颗粒物浓度降低 15%～20%，显著改善空气质量。

二、景观框架规划

横沥岛尖景观规划以"人生共存，自然修复"的理念为指导，通过景观层级体系的构建实现生态与城市功能的深度融合。在生态景观总师制度的引领下，景观框架规划围绕"外江、内涌、社区公园和线性绿廊"四大体系展开，并进一步细化为多个子系统。景观设计不仅注重美学效果与功能性，还通过与生态框架的结合，赋予景观廊道显著的生态价值。

（一）景观层级体系构建

横沥岛尖的景观层级体系通过多样化的空间功能和统一的设计策略，塑造了既统一又多样、既生态又人文的景观形态。这种构建方式旨在应对城市化进程中生态保护与功能开发的双重挑战。

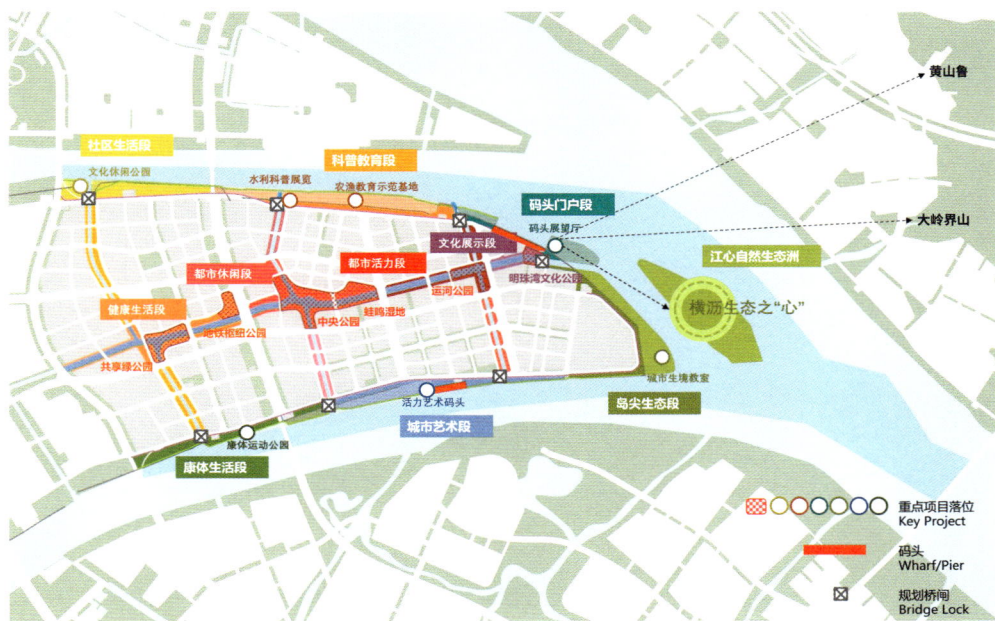

外江岸线功能策划

层级 1　外江景观：生态与城市的交会点

作为区域景观体系的重要组成部分，外江景观的设计将城市功能与自然生态有机结合。例如，南岸的康体生活段通过设置滨水绿带和亲水步道，满足居民的日常健身需求，而东岸的岛尖生态段则专注于栖息地保护和生态修复，打造鹭鸟、鱼类等水生生物的重要栖息场所。这种段落化的设计体现了从生态优先到功能补充思路的渐变，为区域内的生物多样性保护和城市活力提升提供了双赢的解决方案。

层级 2　内涌景观：生态廊道与城市活力的纽带

内涌景观在景观骨架"一横三纵"中扮演着重要角色。中轴涌不仅是区域生态廊道的核心，也是城市展示空间的重点区域。通过打造"黄金2公里"文化景观带，设置中央公园和明珠湾文化公园等地标节点，既突出生态功能，也强化横沥岛尖作为区域文化中心的定位。而长沙涌等纵向涌道则进一步补充了生态廊道的多样性，提升了区域生态系统的联动性。

"四段九岸"的内河涌岸线主题布局

区段划分	主题布置	岸线类别
文化展示段	创意文化与创新水岸互动	1. 文化展示岸线
都市活力段	核心城市文化展示与商业休闲	2. 都市活力岸线 3. 商务休闲岸线
都市休闲段	城市庆典与水岸娱乐	4. 商务娱乐岸线 5. 科创休闲岸线 6. 滨海居住岸线
健康生活段	生态休闲与社区水岸娱乐	7. 健康生活岸线 8. 医养疗养岸线 9. 宜居运动岸线

内河涌岸线功能策划

层级 3　社区公园：多功能社区服务的载体

社区公园的设计以居民需求为核心，通过与公共服务设施的复合布局，提升城市空间的使用效能。例如，居住社区公园结合养老中心、学校等配套设施，设置老年人活动区、儿童游乐场等多功能区域，满足不同年龄层的日常需求；滨江商务花园则更加注重文化艺术展示与生态景观体验的结合，为商务人士提供一处舒适且富有艺术氛围的休憩空间。这种因地制宜的功能设计，体现了生态功能与人文需求的有机融合。

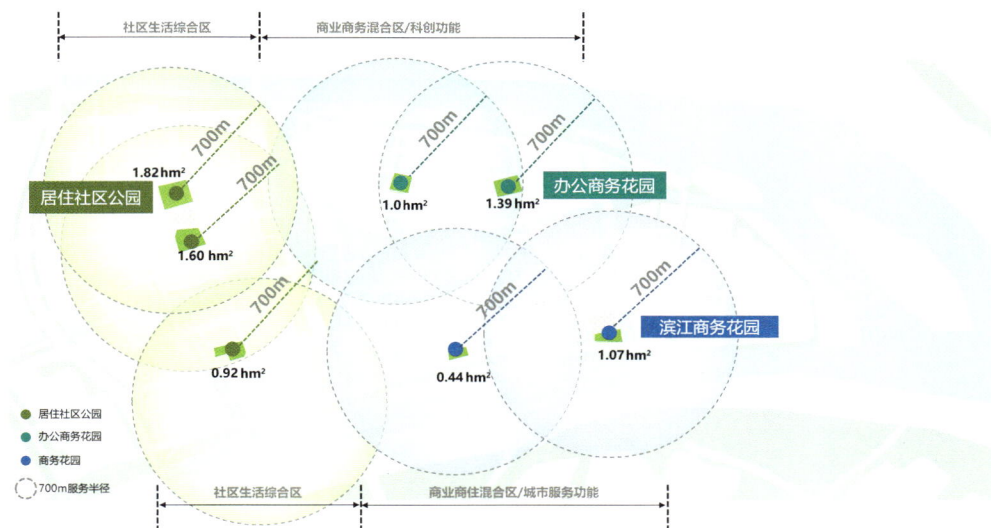

横沥岛尖社区公园景观功能结构示意图

居住社区公园	办公商务花园	滨江商务花园
主体意向: 乐居生活	**主体意向: 活力汇聚**	**主体意向: 魅力都市**
常用人群: 青年家庭、长者与幼童 学生	**常用人群:** 创意办公白领, 科创人士	**常用人群:** 科研专家, 高级白领 周末旅客, 城市居民
功能: 休闲运动 社区日常游憩 放学后休憩	**功能:** 白领的交流场所 汇聚活力的草坪/广场 具有突出本地地域特点的空间	**功能:** 文化艺术体验 科研工作者休憩、健身的空间
节点空间: 运动公园 提供举办社区活动、科普教育的交流共享场所, 制造舒适、活力、放松的活动空间 **康体社区花园** 放学后的户外游憩及学习运动场地和设施	**节点空间: 创客花园** 提供移动办公及户外会议的场所 提供汇集人气的交互场所 **城市广场** 设有大草坪和多尺度活动空间 提供电子屏、户外咖啡座 户外游憩及运动场地及设施	**节点空间: 哲思广场** 提供公共和半私密空间, 有滨水活动的草坪和冥想空间 人工智能服务体验场所 **户外艺廊** 文化艺术展示平台 VR 看展沉浸式互动体验
综合设施: 变电站 社区医院 社区服务中心	**综合设施:** 能源站 停车场	**综合设施:** 能源站

社区公园整体功能策划

层级 4 线性绿廊: 功能连接与视觉延展

线性绿廊是连接城市空间和自然资源的纽带。主干道防护绿带通过宽度30～76m 的防护空间, 减少噪声污染并增强城市绿化景观的连续性。IFF (国际金融论坛)结构绿带以其统一的设计语言和15～20m 的宽度, 突出了国际化的城市形象。

主干道防护绿带	IFF结构绿带	滨水连通绿廊
空间尺度： 2130m×30m、1750m×76m	**空间尺度：** 1850m×20m、380m×15m	**空间尺度：** 890m×20m、240m×25m
主体意向： 防护绿廊	**主体意向：** 都市形象廊道	**主体意向：** 街区绿道
功能： 城市街道到生活区的缓冲带 南北外联交通两侧的重要防护绿地 降低噪声，减少尘土，增加安全保障 海绵蓄水与传递廊道	**功能：** 连续、统一、繁荣的城市印象 具有国际化并具有到达感的 活力空间	**功能：** 提供从街区到外江内涌的安全、 舒适、便捷的步行联系 提供人性化户外设施和地方特 色空间
节点空间： 街道广场 具有海绵功能，提供多样的 室外活动场所，创造市民活 动场地 **园艺疗养** 引导老人进行户外园艺疗 养、康体锻炼，提供安全保 障措施	**节点空间：** 金融广场 代表IFF片区的形象 金融大道的视觉焦点空间 **IFF门户广场** 引导进入IFF会址 设有展览活动、新闻发布等 复合型空间	**节点空间：** 健身漫步 提供滨水大型活动的草坪 人工智能服务体验场所 **口袋广场** 引导人流进入休闲娱乐，多 个空间形成一个融合的社交 空间网络并向滨江聚集

线性绿廊整体功能策划

此外，滨水绿廊通过步行道和自行车道，将街区、外江和内涌有效联通，为居民和游客提供全新的滨水体验。

（二）生态性与社会活动性的平衡

在横沥岛尖的景观规划中，生态性与社会活动性的平衡是贯穿始终的设计原则。这种平衡并非简单的功能分配，而是通过场地分析和需求评估而逐步形成的科学比例关系。

外江和江心岛作为区域生态系统的重要组成部分，其设计以生态保育为主。例如，江心岛规划了以鹭鸟为核心的生态探索园，通过设置核心保护区和缓冲区，减少人类活动对生态环境的干扰。这种"以生态为先"的设计理念，不仅恢复了区域的生态韧性，也为未来的生态教育提供了良好基础。

内涌和社区公园则更多关注人文需求。例如，中轴涌沿线设置了丰富的生态和人文地标，包括蛙鸣湿地和地铁枢纽公园等，为市民提供参与和体验的场所。这种功能拓展既满足了城市活力的需求，也强化了生态教育的意义。

（三）整体功能策划

整体功能策划以"东生态、西城市、中宜居"的布局逻辑展开，形成生态滨水区、魅力都市区和乐活宜居区三大功能区。同时，以外江和内涌为骨架，贯穿整个区

图例：
- 潮间带修复
- 水质提升+雨洪管理
- 生物多样性提高
- 水生生境修复
- 微气候改善

生态性
- 生态性占主导
- 二者兼具偏向生态
- 二者兼具偏向社会活动
- 社会活动占主导
社会活动性

生物多样性提高

生态与社会活动性相平衡的规划原则

域的生态与社会功能。

每个功能区内均结合景观与生态要求设置了一级和二级节点。例如，生态滨水区重点打造江心岛的生态保育功能；魅力都市区以中轴涌为核心，强化城市文化展示功能；乐活宜居区通过滨江商务花园和居住社区公园的结合，提升社区居民的生活品质。

从滨水绿廊到社区公园，区域内的景观功能实现了从生态到人文的渐进式过渡。这种多层次的生态网络不仅改善了区域微气候，还通过绿色廊道提升了城市空间的整体连贯性和开放性。基于上述分析，团队在控规"一横三纵"景观规划框架的基础上，深化了东部江心洲、蛙鸣湿地等生物栖息地规划，布局了外江生态堤、中央公园、明珠湾文化公园等城市级公园，形成了红树林湿地、船厂改造等特色节点，进一步提炼形成了"三带三核汇聚"的全岛生态景观规划框架。

我们注意到，生态框架规划与景观框架规划密切相关，但两者的侧重点和实现路径存在一定的张力。生态框架规划侧重于生态系统的健康与稳定，注重保护生物多样性、恢复生态功能以及提高生态韧性，通常强调生态优先原则，力求通过自然系统的修复和保护来增强区域的生态稳定性。然而，景观框架规划则更多聚焦于城市功能的优化和景观美学的提升，旨在通过景观设计增强城市空间的视

生态景观总体结构——"三带三核汇聚"
("三带"指北岸带、中轴带、南岸带,汇聚于东侧江心;"三核"指东侧生态湿地核心、城市中轴门户核心、IFF地标核心)

城市级公园布局

觉效果与居民的空间体验,提升城市的可持续发展能力。在某些情况下,景观的需求与生态需求之间可能存在冲突,例如在滨水景观的设计中,过度的景观开发可能影响生态系统的稳定性,破坏水生物栖息地。

因此,尽管二者在总体目标上有共通之处,如推动区域的生态与功能双重目标实现，但在具体实施过程中，如何平衡生态保护与景观优化之间的矛盾，依然是一个挑战。例如，生态框架中的生境恢复可能要求较为自然、原生态的空间布局，而景观框架则往往需要引入人工干预和人类活动空间，这可能会对生态环境造成一定影响。为了应对这一挑战，必须在设计过程中采取灵活的策略，如生态景观总师制度提倡的动态调整机制，通过实时监测和数据反馈，对规划进行适时的优化调整，以做好生态与功能的双重需求之间的平衡。

因此，生态框架与景观框架不仅是互为补充的关系，更是一种动态的、需要不断调适和优化的双向互动。在横沥岛尖的规划实践中，如何在保持生态完整性的同时，满足城市功能和景观设计的需求，是后续每个设计决策必须考虑的关键问题。

第二节　分系统规划

分系统规划是横沥岛尖生态景观体系的重要组成部分，规划过程中充分发挥了生态景观总师制度的作用，保障各项设计和实施工作协调统一。总师制度通过系统化的管理，促进了从"复合生态廊道"理念到实际设计和技术方案的落地，实现了各专业之间的无缝衔接。顶层系统的统筹设计以及岸线、智慧、绿色认证等多专业系统的细化，通过总师制度的指导与统筹，最终实现了生态、社会和文化目标的有机统一。

一、顶层系统总控

顶层系统是横沥岛尖景观规划的核心设计框架，在生态景观总师的指导下，通过一系列宏观策略与具体实施方案，全面协调生态、安全与功能需求。总师制度的引领作用使得各专业领域之间的沟通和协作更加顺畅，有效保证了规划方向的统一性和执行的高效性。顶层系统涵盖了防洪排涝、海绵城市、竖向标高、景观交通和公园节点等多领域，既是各专业系统的指导方针，也是具体落地措施的基础。生态景观总师制度的实施推动了生态设计理念在实施过程中贯穿始终，达成了整体规划的协同发展。

（一）防洪排涝与海绵系统的协同设计

规划要点

横沥岛尖地处珠江口的生态敏感区域，洪涝问题一直是顶层系统设计中的关键挑战。规划团队围绕"外江－内涌－街区"三级防洪体系，精准制定了防洪标准与具体实施措施，构建了科学而完备的水安全框架，以应对区域内可能出现的洪涝风险。

◆外江：防洪标准达到 200 年一遇，通过多层次生态堤防体系（包括湿地缓冲、红树林带和沼泽草甸）增强抵御能力；

◆内涌：结合 50 年一遇防洪要求设置滞洪区、生态缓冲带和排涝设施，确保内涝控制在 24 小时内；

◆街区：街区防涝设计结合海绵城市理念，提出 70% 以上年径流总量控制的目标，广泛采用下凹绿地、透水铺装和雨水花园等技术措施。

案例：凤凰大道线性绿廊复合功能设计

凤凰大道线性绿廊，作为城市主干道两侧的防护绿地，若采用传统的处理方法，往往以绿化处理为主。总师团队结合对全岛调蓄空间的估算，识别出河涌调蓄容积冗余不足、应对超高强度降水时存在一定水浸风险的问题。因此，规划以"自然做功"理念为核心，运用了生态低影响开发（LID）技术，将凤凰大道线性绿廊成功打造成具备滞洪、净化与景观功能的复合型廊道。通过雨水花园与下凹式绿地相结合，并结合人行步道的设计，既增强了区域的防洪排涝能力，又为居民提供了生态友好的公共空间。

凤凰大道线性绿廊下凹式设计（单位：m）

（二）竖向标高与城市可达性的平衡

规划要点

横沥岛尖的地形多样性对竖向设计提出了挑战。顶层系统通过对竖向标高的精细规划，既满足了洪涝安全的需求，也在景观设计中融入了功能和美学的考量。

◆标高分区：滨水区域的标高设计以应对洪潮为主，采用缓坡过渡的形式，确保水流顺畅，并在标高较低的区域布置滞洪湿地和生态公园，提供自然的水文调节功能。

◆可达性优化：结合步行和骑行系统，规划保持滨水区域的开放性和便捷性。例如，中轴涌沿线设计了贯穿南北的连续骑行绿廊，使居民能够无缝连接自然景观与城市功能区，享受便捷的绿色出行体验。

（三）景观交通与公园节点的系统整合

规划要点

景观交通与公园节点是横沥岛尖顶层系统的重要组成部分。前者通过空间的联通打破了各功能区域之间的壁垒，后者则提供了功能聚集的核心区域。规划团队通过"生态慢行＋节点优化"的策略，打造了一条高效且可达的景观网络。

◆生态慢行系统：规划设计了多级慢行网络，包括中轴涌主通道的生态绿廊和滨水廊道的亲水体验带。这些慢行通道不仅连接了主要公园和景观节点，还强化了人与自然的互动，倡导低碳出行和健康生活方式。

◆节点功能优化：通过对公园节点的功能分级，提升区域的活动承载能力。例如，中央公园作为区域的核心展示区，结合生态湿地和城市文化设施，为居民提供了多样化的休闲活动场所；滨江商务花园则主要服务于商务人群，以提供一个生态友好的办公环境。

案例：东岸与江心洲

在东岸及江心洲区域，通过竖向标高的分层设计，将核心栖息地与人类活动区域有效分离。较高的核心保护区标高设置在远离潮汐干扰的地方，而较低的滨水活动区则通过生态缓冲带来保护水鸟栖息地。这种设计不仅促进了生态功能的保护，还创造了多样化的景观体验，使区域的生态保护与人类活动共存，提升了整体景观的层次感。

与此同时，作为毗邻 IFF 永久会址的岛尖门户区节点，规划空间完美融合了景观交通与公园功能。无论是用于生态教育、运动休闲还是文化展示，东侧海岸与江心洲都能满足不同人群的需求，成为横沥岛尖生态与人文结合的重要示范区。

顶层系统通过防洪排涝、竖向标高、景观交通和节点整合的全方位设计，协调了城市安全、功能和美学的多重需求。它不仅是各专业系统的"总控室"，更是生态保护与人文关怀的交会点，推动横沥岛尖成为城市与自然和谐共生的示范区域。

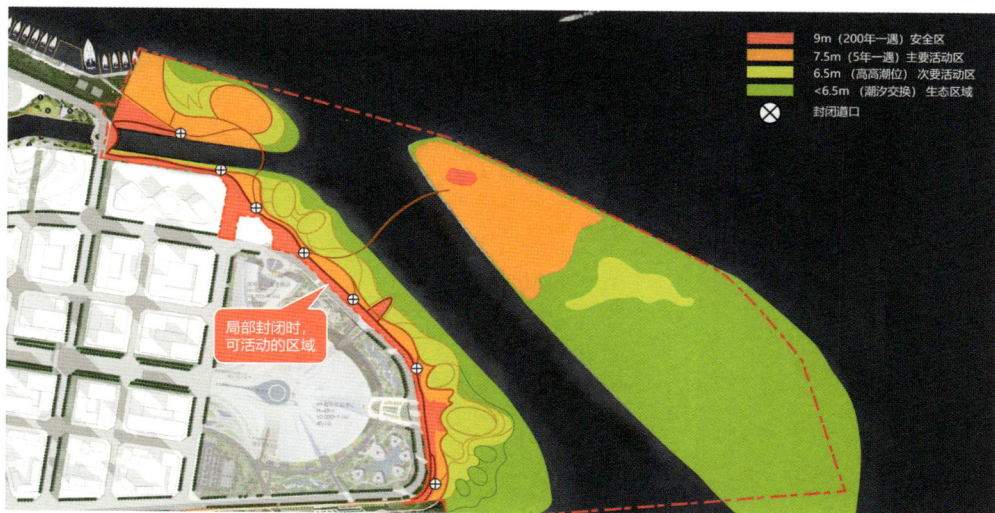

活动强度区域分布示意图（东侧海岸与江心洲）

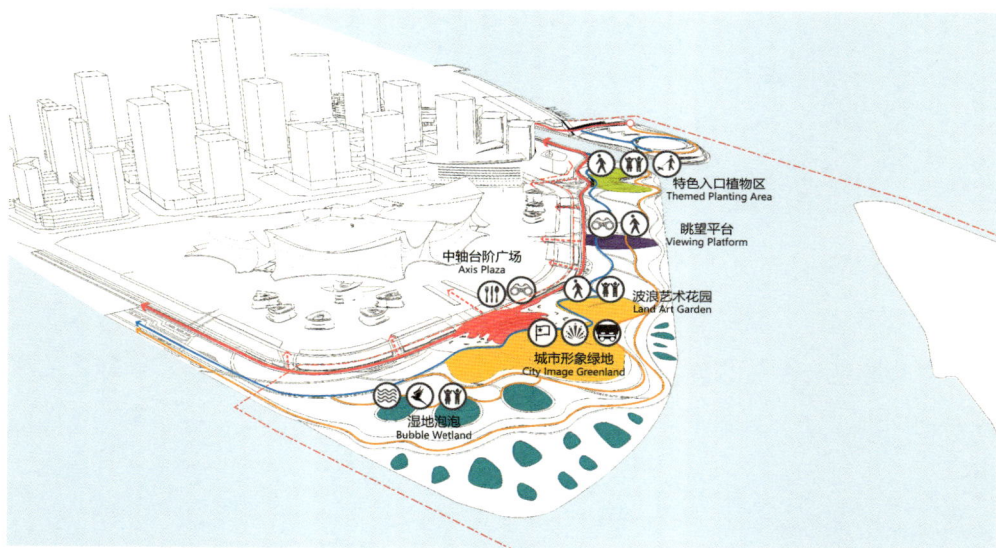

岛尖门户区域功能结构图（东侧海岸与江心洲）

二、岸线系统协调

　　在横沥岛尖的岸线系统规划中，外江岸线通过对水利条件、生态工程、景观特征的叠加分析，截取典型断面，在生态工程、防洪工程、特征要素和功能策划四个维度控制岸线设计。总师制度在此过程中发挥了重要作用，实现了从生态需求到技术执行的顺畅衔接，推动了防洪与生态修复功能的有机结合，并在规划执行过程中不断优化设计，促进了项目的可持续发展。

（一）外江岸线：生态与安全的结合

规划要点

根据南沙横沥岛尖滨水岸线的空间特质，外江岸线设计在水利条件、生态工程、景观特征与功能策划等多维度的叠加分析下，进行了详细规划。外江岸线主要关注宽堤岸二级平台调整、红树林修复及河口湿地的营建三方面内容。

◆水利条件：划分深泓逼岸与非深泓逼岸区段，并根据不同区段的水利特征制定相应的设计要点。深泓逼岸区段更注重防洪与生态修复的结合，而非深泓逼岸区段则在确保水利安全的基础上加强景观和生态的功能。

◆生态工程：外江岸线的生态工程包括防风林带、红树林修复、湿地修复以及河口湿地等四类生态措施。根据不同区域的生态需求，规划设计着重在关键区域进行生态恢复和生物多样性提升，以维持生态系统的稳定性。

◆景观特征：设计时，注重盘点现存的湿地鱼塘、工业遗迹等特色景观元素的继承与融合。通过这种方式，既能保护现有自然景观，又能为后期景观设计提供独特的文化与生态背景。

◆功能策划：在规划中，对功能策划进行差异化控制，确保各段落的功能需求与防洪要求的有机结合。例如，在更注重生态修复的区域，强化生物栖息地的保护；而在人流密集的区域，注重休闲与文化功能的实现。

外江岸线规划要点

分区	编号	位置	生态工程		防洪工程	特征要素		活动策划	环境融合
			潮间带生态工程 (4.35~5.66m)	岸上生态工程 (5.66~9.00m)		工业遗迹	场地记忆	功能分区	
河口	典型断面 1	桥闸口	• 河口湿地（推荐） • 石堤驳岸（备选）		• 保障出水通畅			• 管理用房结合水利科普功能	
北岸	典型断面 2·3	粤进船厂（南北向断面、东西向断面）			• 生态海墙选用	• 船厂构架保留 • 船台保留 • 龙门架保留	• 工业元素保留，例如设备、零件等	• 社区生活段功能落位 • 二级平台拓宽	• 与灵山岛尖的对望关系
	典型断面 4	北岸原红树林处	• 红树林及潮间带生境修复	• 生态群落营造 • 湿地修复				• 社区生活段功能落位	• 大岭芥山、黄山鲁的对望关系
	典型断面 5	北岸原鱼塘处			• 保障防洪安全		• 呼应鱼塘记忆的设计语言 • 鱼塘形装可结合海绵绿干塘设计	• 纪念传统生活方式 • 水利及生态科普 • 商业科创段功能落位	
	典型断面 6	鱼塘东侧原潮间带						• 商业科创段功能落位	
	典型断面 7	北岸码头入门户段			• 保障防洪安全			• 码头门户段功能落位	
南岸	典型断面 8	南岸油脂				• 油罐保留		• 康体生活段功能落位 • 呼应	• 与万顷沙的对望关系
	典型断面 9	南岸兴华船厂	• 红树林及潮间带生境修复 • 红树林需具有防风林作用	• 防风林带 • 生态群落营造 • 湿地修复	• 生态海墙选用	• 船厂构架保留 • 船台保留 • 龙门架保留	• 工业元素保留，例如设备、零件等	• 城市艺术段功能落位	
	典型断面 10	南岸岛尖生态段			• 保障防洪安全			• 岛尖生态段功能落位	
东岸	典型断面 11	IFF 东侧						• 生态科普功能落位 • 季节性人流管制 • 呼应 IFF 功能	• 大岭
	典型断面 12	江心岛西侧	• 红树林修复 • 鹭类、鹭类生境营造 • 防风林带		• 保障防洪安全			• 生态科普功能落位 • 季节性人流限制 • 局部人流管控	• 芥山、黄山鲁的对望关系
	典型断面 13	江心岛东侧						• 生态科普功能落位 • 季节性人流限制 • 局部人流管控	

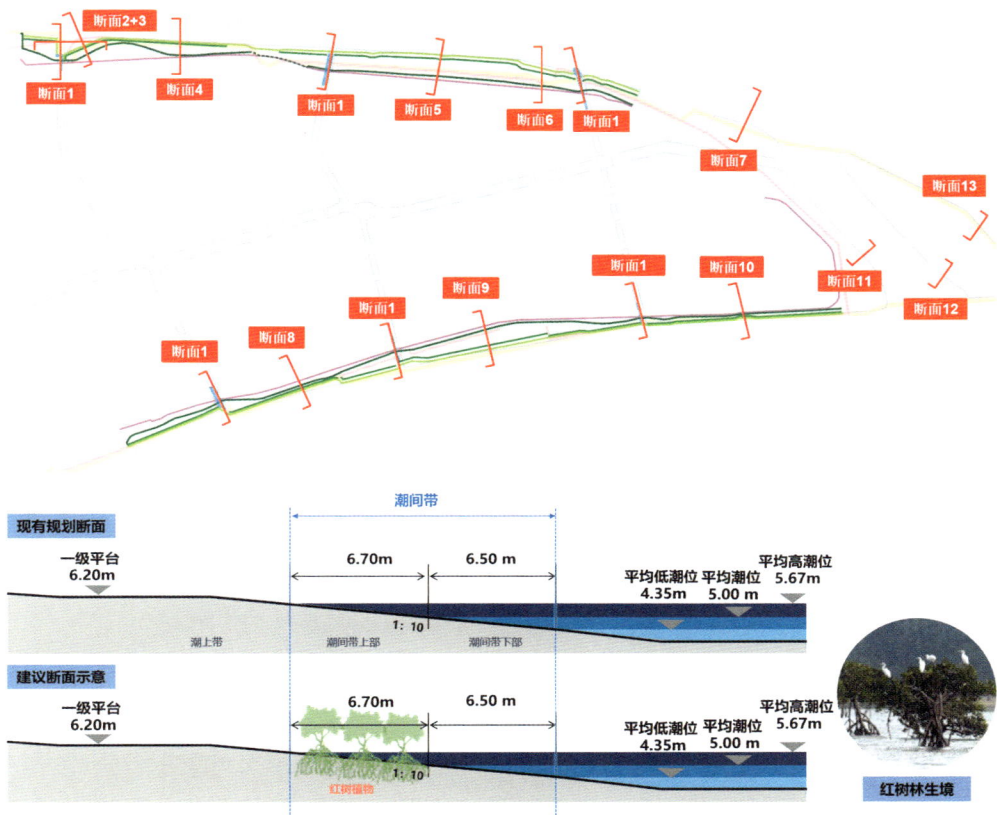

外江典型断面（左：典型断面位置；右：生态修复断面优化示例）

（二）内涌岸线：生态廊道与文化活力的结合

规划要点

内涌岸线设计侧重于水质改善和文化展示功能的融合。在中轴涌沿线，规划团队通过设置文化展示段、湿地生态段和亲水活动区，形成了一个生态与文化相结合的城市景观带。特别是"黄金2公里"文化景观带，作为横沥岛的展示窗口，成功地通过艺术地标与生态滞洪设施的结合，为景观增添了深厚的文化内涵。

在设计过程中，内涌岸线的控制设计综合考虑了规划的刚性条件、现状场地的开发潜力、规划机遇以及现有片区的城市设计方案。具体来说，设计团队通过筛选典型断面的方式，依据以下几项关键要素提出了审查要点：

◆刚性条件：包括既有的控规蓝线绿线、滨水控制线及航道控制线，这些条件限制了岸线设计的空间范围和功能分区。

◆场地现状与规划机遇分析：分析了现有用地性质、生态价值、公共交通网络、公共服务设施等方面的资源，为设计提供了现实基础和发展潜力。

◆生态功能需求：通过结合既有的城市设计方案和生态模型验证，确定了防洪功能、生物栖息地保护和生态岸线等方面的功能需求。

基于以上因素，规划团队对岸线的功能分区进行了明确的策划，并为不同段落制订了具体的设计建议，确保生态和文化功能的有机结合。

三、智慧系统赋能

智慧系统作为横沥岛尖规划的创新性技术支撑，在生态景观总师的全程监督和指导下，通过智能感知、实时监测和动态管理，为区域生态保护、资源调配和景观管理提供了强有力的数字化支撑。总师制度推动了技术平台与生态目标的深度融合，优化了数据分析与决策过程。在智慧系统的支持下，生态管理不再仅依赖传统手段，而是通过精准的数字化手段提升区域的环境质量与可持续发展潜力。

（一）感知与监测

横沥岛尖的智能感知网络通过分布式传感器系统，对水文、气候、生物多样性等关键生态要素进行全天候监控。感知网络覆盖了主要生态节点，包括中轴涌湿地、江心洲栖息地和滨水廊道，实现了从地表水质到空气微粒的全方位数据采集。

智能感知网络采集的数据通过大数据分析平台进行整合与建模。平台根据历史数据和实时监测结果，提供预测性建议和优化方案。例如，通过水文模型预测汛期洪涝风险，提前启动防洪设施；利用生物多样性分析模型，评估目标物种的生存环境变化，为生态修复策略提供支持。

增加弯道，以丰富流态提供鱼类产卵区

分类	编号	典型断面	控制要素		
			线性空间	生态建议	活动空间
50m 中轴涌河道	1	10m 50m 10m / 70m	• 1级步道 • 半自然驳岸为主	• 丰富滨水植被种植结构 • 最大流速4~6m/s	• 30m²：打桩的木平台 • 10m²：面向河面的座椅
	2	30m 50m 30m / 110m	• 至少2级步道 • 跑步道与自行车道 • 弧线岸线，软质驳岸为主	• 营建鱼类栖息生境节点 • 流速<3m/s，栖息段流速0.4~0.8m/s	• 30m²：休息亭等交流空间 • 10m²：面向河面的座椅，雕塑小品 • **体育场地**
	3	≥40m 50m 30m / 120m	• 至少3级步道 • 跑步道与自行车道 • 弧线结合直线岸线，硬软质驳岸各半	• 营建鱼类栖息生境节点 • 软岸流速<3m/s，栖息段流速0.4~0.8m/s	• 500m²：盛事草坪 • 100m²：运动及各类活动场地 • 30m²：休息亭等交流空间 • 10m²：面向河面的座椅，雕塑小品
	4	20m 50m 20m / 90m	• 至少3级步道，其中至少一级为架空湿地栈道 • 80%以上生态/软质驳岸	• 结合蛙鸣湿地，营建鱼类栖息生境流速<3m/s，栖息段流速0.4~0.8m/s	• 100m²：探索营地及教育中心 • 30m²：休息亭等交流空间 • 10m²：带展示功的湿地木平台
	5	20m 50m 20m / 90m	• 2级步道，其中亲水步道结合滨水商业设计开放空间，如木平台，外摆场地，河滨剧场等 • 80%以上硬质质驳岸，结合生态种植池	• 硬质岸线结合滨岸平台间镶嵌生态浮岛 • 预留鱼类通道	• 500m²：盛事草坪 • 100m²：运动及各类活动场地 • 30m²：休息亭等交流空间 • 10m²：面向河面的座椅，雕塑小品

中轴涌岸线规划要点

控制要素

① 滨水场地标高>8.9m

② 5m防汛路
• 可弹性设计，标高需高于8.4m。
• 根据海绵要求，设置生态边沟。

③ 湿地栈道，栈道与岸线宜蜿蜒多变

④ 蛙鸣湿地水底低于4.7m最低水位
• 保证水系畅通，水面变化创造蛙类栖息地

⑤ 生态驳岸种植池，亲水步行道标高>5.5m

⑥ 滨水外摆与步行道通过铺装分隔

⑦ 滨水商业与建筑B1连通

岸线意向图及推荐做法

内河涌典型断面

（二）调控与互动

规划要点

智慧系统的最大亮点在于其动态调控能力，能够根据实时数据和情景预判，快速调整区域内的生态和景观功能。此外，智慧系统还通过数据可视化和互动平台增强公众参与，为生态保护注入社会动力。

◆水资源管理：系统通过实时监测区域降雨和排水情况，动态分配雨洪调蓄设施的容量。例如，在大规模降雨来临前，提前降低湿地蓄水区的水位，为后续雨水积累腾出空间。

◆植被优化：根据气温和湿度变化，智慧系统提供精准的植物养护建议，优化灌溉频率和施肥时间，减少资源浪费。

◆能源效率提升：通过对智慧照明和可再生能源利用的监测与分析，系统动态调节景观照明强度和运行时间，在节约能源的同时提升区域环境品质。

◆生态教育：智慧系统通过多媒体互动屏幕和手机应用，向游客展示实时数据，如湿地水质变化和鸟类活动轨迹。例如，游客可以通过手机应用查询江心洲鹭鸟的迁徙路径，并了解湿地生态保护的最新动态。

◆公众参与：平台定期发布环保行动建议，邀请市民参与植树活动或湿地保护项目，提高公众对生态系统重要性的认识。

智慧系统通过技术创新与生态保护的深度结合，为横沥岛尖的景观管理注入了精准性和动态性。它不仅解决了传统管理手段的效率难题，还为公众提供了参与生态治理的机会。未来，随着物联网和人工智能技术的进一步发展，智慧系统将更广泛地应用于区域生态管理，为可持续发展提供更多可能性。

序号	设施板块	序号	设施功能	功能说明
A	井杆设施	A1	智能照明	根据环境光自动调控路灯照明亮度
		A2	能源收集器	新能源收集与储存，为井杆设施供电
		A3	5G信号站	为公园范围内提供5G网络信号
		A4	气候监测	收集横沥岛各区的基本气候信息，上传云端大脑
		A5	全息监测	用于犯罪、违规监测的ID识别
		A6	一键报警	供受害者报警的触发按钮
		A7	智能屏幕	综合显示导览、紧急情况、智慧运动等，提升公园使用者体验
B	活动设施	B1	自行车设备与转承设施	配合共享单车提供自行车停放点，结合园内导览车或公交等其他交通工具，提供智慧转乘站服务
		B2	智能跑道	配合灯光、铺装和智能屏幕屏幕，为跑步运动者提供多功能辅助，例如里程监测和非跑步者占道警告
		B3	多媒体互动装置	大型屏幕附带动态感知设备，具有互动游具、户外电影播放功能、舞台活动背景影片播放功能等
		B4	数字信息艺术装置	结合小品、雕塑、特色地面、墙面铺装，使游客能进一步通过手机扫描识别，获得进一步信息或是AR互动体验
		B5	免费WiFi&充电家具	结合桌椅、棚子等，提供免费网络与充电站功能的家具设施
C	环境监测设施	C1	排水系统与智能浇灌	监测排水成效、水资源回收再利用情况
		C2	水环境监测	监测河道水质及水位，自动控制曝气设施和闸门进行换水
		C3	生物多样性监测	通过监测动物的鸣叫，利用人工智能分析物种类别，建立在线数据库，同时通过物种多样性指标评估生态环境质量
		C4	闸门运行	监测河道水位自动控制闸门开闭
		C5	航运管理	通过船舶定位自动管理船闸
D	创新试验设施	—	· 球场、广场是否可用，认养情况等 · 自动驾驶游园车	详见《××××》

智慧设施规划推荐清单

四、绿色认证引领

绿色认证体系作为横沥岛尖生态景观规划的重要组成部分，在生态景观总师制度的引导下，全面推动了项目的绿色发展目标。通过总师制度的实施，各项绿色设计标准得到了高效执行与协调，确保了从建筑到景观的可持续发展。在总师制度的支持下，绿色认证体系不仅成为评估建筑与景观可持续性的标准，更成为推动区域绿色转型的核心动力。总师制度为绿色认证的实施提供了跨学科的协作平台，通过结合中国绿色建筑评价标准和国际 LEED 认证体系，成功构建了一套具有前瞻性和操作性的绿色发展框架。

规划要点

◆横沥岛尖通过全面引入低影响开发（LID）技术，将绿色认证理念贯穿于景观设计与建设的全过程。这一结合不仅提升了区域的资源利用效率，还优化了城市与自然的互动方式。

◆在水资源方面，规划团队通过建设海绵城市设施和末端生态处理节点，显著降低了径流污染和水资源浪费；在能源管理方面，则广泛引入太阳能、地源热泵等可再生能源技术，降低区域的碳排放强度。

◆绿色认证的另一重要支撑是环境友好型材料的推广应用。这些材料不仅降低了建筑和景观施工对环境的影响，还通过耐久性和美观性的提升，为区域内的长期发展注入了活力。

◆绿色认证的一个突出特点是与区域生态修复目标的深度融合。在横沥岛尖，通过对湿地、红树林和滩涂的生态修复，不仅实现了生物多样性的提升，还为绿色认证提供了重要的技术支撑。

◆绿色认证不仅是一套技术评估体系，更是一种社会教育工具。在横沥岛尖，绿色认证通过公众教育与互动展示，逐渐渗透到居民的日常生活中，形成了全社会共同参与生态保护的良好氛围。

横沥岛尖通过绿色认证的全方位实施，不仅推动了区域建筑与景观设计的可持续性发展，也为粤港澳大湾区的绿色转型树立了典范。从建筑到景观，从技术到教育，绿色认证的每一个环节都体现了生态优先与人文关怀的有机结合。未来，这一体系还将在技术迭代与经验推广中不断完善，为更广泛的生态区域开发提供重要借鉴。

生态永续发展规划要点

LEED ND			绿色生态标准		永续发展控制要求	
加分项	评分项	控制项	加分项	评分项	生态环境	
\	\	\	\	\	绿色生态标准控制要求	5.1.1 制定城区地形风貌、生物多样性等自然生境和生态空间管理措施和指标
\	\	\	\	\		5.1.2 制定城区大气、水、噪声、土壤等环境质量控制措施和指标
\	\	\	\	\		5.1.3 实行雨污分流排水体制，城区生活污水收集处理率达到 100%
\	\	\	\	\		5.1.4 垃圾无害率处理达 100%
\	\	\	\	\		5.1.5 应无黑臭水体
				√	城区绿化	绿化覆盖率要求
				√		园林绿地优良率
				√	节能绿地建设	制定相关鼓励政策、技术措施和实施办法
				√		节约型绿地建设率
				√	生物多样性	综合物种指数控制
				√		本地木本植物指数
		√				保留任何在场地内的本地物种和栖息地
				√	湿地保护	规划阶段完成基地湿地资源普查，并以完成当年为基准年
				√		城区湿地资源保存率
		√				不在邻近的湿地、水体附近建设 \ 开发
	√					为栖息地和水体保存区域设计：永久保存 \ 保护已经存在于基地的栖息地、湿地或是水体

续表

LEED ND			绿色生态标准		永续发展控制要求
加分项	评分项	控制项	加分项	评分项	生态环境
	√				湿地保护 复育栖息地、湿地、水体：复育正在消逝的栖息地、湿地、水体并确保成果永久有效
	√				针对栖息地、湿地、水体长期保存管理计划：提出和实施针对栖息地、湿地、水体长期保存管理的计划
				√	规划阶段完成编制城区海绵城市建设规划或海绵城市建设实施方案
				√	海绵城市／雨洪管理 运营管理阶段，提供城区海绵城市建设达到设计目标的竣工与运营报告
				√	场地防洪设计符合现行国家标准《防洪标准》GB 50201—2014 及《城市防洪工程设计规范》GB/T 50805—2012 的规定
				√	开发建设后径流排放量接近开发建设前自然地貌时的径流排放量或年径流总量控制率达到国家相关要求的高值
				√	海绵城市／雨洪管理 场地防洪设计符合现行国家标准《防洪标准》GB 50201—2014 及《城市防洪工程设计规范》GB/T 50850—2012
	√				避免在洪范区域建设

五、小结

　　通过系统化的生态框架和多层次的景观框架设计，横沥岛尖成功实现了生态保护与城市功能的深度融合，为粤港澳大湾区的生态城市建设树立了标杆。本章从规划理论到具体实践，阐释了如何在复合生态廊道的基础上构建具有区域特色的生态景观体系。

　　在这一规划体系中，生态景观总师制度发挥了关键的作用。通过总师制度，规划团队能够在实施过程中协调各专业领域的需求，实现从宏观战略到具体设计方案的无缝对接。总师制度不仅在生态与社会需求之间实现了有效平衡，还推动了跨学科的合作与技术创新，确保了项目的整体性与可持续性。

然而，规划的成功仅仅是第一步。为了使得这些规划能够精准落地并在实施过程中动态优化，生态景观总师制度通过导控机制进一步细化规划要素，并在具体的景观空间中实现精细化管理。下一章将详细解析这一制度如何通过创新的导控方法与原则，推动横沥岛尖从蓝图到现实的高效转化。

要素导控　　第四章

　　规划的成功不仅依赖于科学的总体框架，更需要在实施阶段通过有效的导控方法与原则将蓝图转化为现实。横沥岛尖作为南沙新区生态与城市融合发展的核心片区，其规划要素的实施涉及生态保护、景观优化与城市功能布局的多维协调。在生态景观总师制度的引领下，规划团队以系统化的导控体系为基础，通过分层次、分阶段的精准管理，实现规划目标的逐步落地。本章围绕横沥岛尖的重要空间，解析生态景观总师如何通过创新的导控方法与原则实现规划到实施的高效转化，为区域生态与功能协调发展提供技术支撑。

第一节 方法与原则

一、导控方法

基于上一章对整体规划要素的介绍，本章进一步细化各个重要景观空间的设计与实施要求，支持每个关键区域在生态保护、景观品质和使用功能上的统一性和高质量落实。为此，生态景观总师提出了一套系统的导控方法，覆盖了从规划落实到设计实施的各个环节。具体方法包括以下几个方面：

（一）系统化要素梳理与分解

生态景观总师首先通过对规划要素的梳理，将横沥岛尖的各景观要素（如生态绿地、滨水景观、公共空间等）进行系统划分。每个要素根据其在整体景观中的作用和影响，进一步分解成若干设计细项。通过分解，明确每一要素的设计要求、功能定位和实施步骤，为后续设计提供清晰的执行路径。

（二）量化指标体系建立

设计的高质量落地离不开科学的量化标准。为此，生态景观总师通过建立一套量化的设计指标体系，强化每个设计环节都有明确的可操作标准。这些指标涵盖景观质量、生态效益、美学效果、使用功能等多个方面。定量化的控制可以有效避免设计偏离规划初衷，确保每个细节都能按照既定目标执行。

（三）跨学科协作与整合

导控方法的一个关键步骤是促进多学科协作，特别是景观设计、生态保护和基础设施建设之间的紧密合作。生态景观总师在工作中不断协调各方资源，整合景观设计、生态设计、交通设计、基础设施建设等多个领域的专业知识，保障每个环节的设计与实施符合整体生态景观规划要求。通过跨学科的协作，可最大限度地提升整体设计的协调性和综合性。

（四）动态调整与灵活应对

导控方法并非一成不变，而是具有动态调整的能力。生态景观总师根据项目的推进情况和现场实际需求，不断调整设计方案。在实施过程中，结合项目的进展与反馈，适时进行优化与调整，以推动设计目标在实际操作中得到高效实施。这种灵活应变的方式有效解决了现场实施中可能遇到的各种不确定性问题。

（五）全过程监管与反馈机制

在生态景观总师的导控方法中，全过程监管是保证设计落实的关键步骤。从设计阶段到施工阶段，再到后期的运营维护，生态景观总师通过建立反馈机制，进行全程监管。每个环节的工作都需要定期进行回顾和评估，促进设计的每个细节都符合预期要求，且可以在实际运营中实现最佳效果。

二、导控原则

在实际景观设计与实施过程中，生态景观总师通过明确的导控原则来实现设计的高质量和有效落地。以下是主要的导控原则：

（一）特征性原则

保障场地的地域性与文化特色得到充分传承。特别关注岭南风貌、河涌文化以及场地历史的保护与再利用，支持设计反映地方特色和文化元素。

（二）安全性原则

包括洪涝安全、活动安全和生态安全三大方面。洪涝安全要求设计符合防洪标准，并结合海绵城市理念降低内涝风险；活动安全则强化景观设计能够应对公共活动中的安全问题，如设置防护设施和应急通道；生态安全着重保护原生植被，避免外来物种入侵，维护生态平衡。

（三）可持续性原则

强调生态韧性、生物友好性和环境舒适性，保障景观设计能够适应气候变化，并提高能源利用效率。特别是景观要具备较强的适应性，应对极端气候、海平面上升等长期挑战，优先使用可再生材料和低碳技术。

（四）使用者友好性原则

设计中考虑到使用者的舒适体验和方便性，推动景观满足不同群体的需求。重点关注可达性、功能性和美学的结合，提供多样化的活动空间，同时注重无障碍设计，特别是对老年人和儿童等特殊群体的友好性。

（五）经济性与可实施性原则

促进设计方案在经济上可行，并且具有较强的实施性。这要求在设计过程中考虑施工成本、后期维护的便利性，并合理选择材料和设施，以确保长期的运营效益和低维护成本。

在横沥岛尖的景观设计和实施过程中，生态景观总师所进行的导控工作主要集中在重要的景观空间，确保这些关键区域符合生态保护、景观品质及使用功能的各项要求。通过对每个空间的导控，使得设计方案能够准确、有效地转化为实际成果，实现项目从规划到实施的精细化管理。这些空间不仅在生态景观中占据重要地位，也是城市居民日常生活的核心组成部分。因此，准确划定导控范围，并在设计和实施过程中严格遵守导控要求，成为确保整体景观规划成功实施的关键。

一、城市级公园

城市级公园是横沥岛尖景观设计中的核心空间之一，主要包括东岸与江心岛公园、中央公园、南岸滨江公园和北岸滨江公园等。导控的重点在于支持这些公园兼顾生态功能、休闲娱乐、文化交流等多重功能，为全岛的生态环境及市民的日常生活提供高品质的开放空间。这些公园不仅在生态功能上起到关键作用，还作为居民日常生活的一部分，提供了重要的社交和文化活动空间。

通过对城市级公园的导控，强化每个区域的功能得到最大化利用，同时保证景观品质和生态保育的双重要求得以实现。导控工作的实施，不仅是要帮助景观设计方案有效转化，而且是要确保在设计过程中各个环节的紧密衔接，避免设计偏离规划目标。因此，城市级公园的导控对于横沥岛尖整体生态景观的落实至关重要。

（一）导控要点

◆明确功能与空间需求：每个城市级公园的设计必须明确其服务功能，保障满足周边居民、游客以及不同社群的活动需求。重点关注不同区域的多功能设计，如户外活动场所、休闲娱乐区、文化展示场地等。

◆空间布局与景观特色：在空间布局上，推动公园内的各功能区相互连接，并考虑自然环境与人文景观的融合，保持景观的独特性与区域特色。同时，特别强调景观小品、建筑与水体景观的和谐配合。

◆生态保育与可持续发展：强调生态景观功能的完善，如湿地保护、水体修复等生态设计，要求优先使用本土植物，避免外来物种入侵，并促进水资源的合理利用，提升公园的生态效益。

（二）案例：东岸与江心岛公园

该公园的设计充分考虑不同用户群体的需求。在商务区，设置草坪广场与展览区，适用于展会和社交活动；在休闲区，提供步道和亲子活动空间，为家庭用户提供舒适的休闲场所。空间布局方面，公园内的功能区通过环绕步道和绿道有机连接，实现公园内活动的流动性与多样性。设计中还特别设置标志性的建筑（会议中心），提升公园的地标性。

在生态方面，公园的水体修复与湿地保护尤为突出。设计中引入生态水系，雨水收集系统与绿地系统结合，不仅可有效缓解城市内涝问题，还可通过植物群落过滤水质，提升景观和生态效益。同时，绿色廊道与水体生态修复结合，可打造更好的生物栖息地，为本土物种提供适宜的栖息环境。通过这样的导控措施，东岸与江心岛公园不仅提升了环境质量，也为市民提供了多元的生态休闲空间。

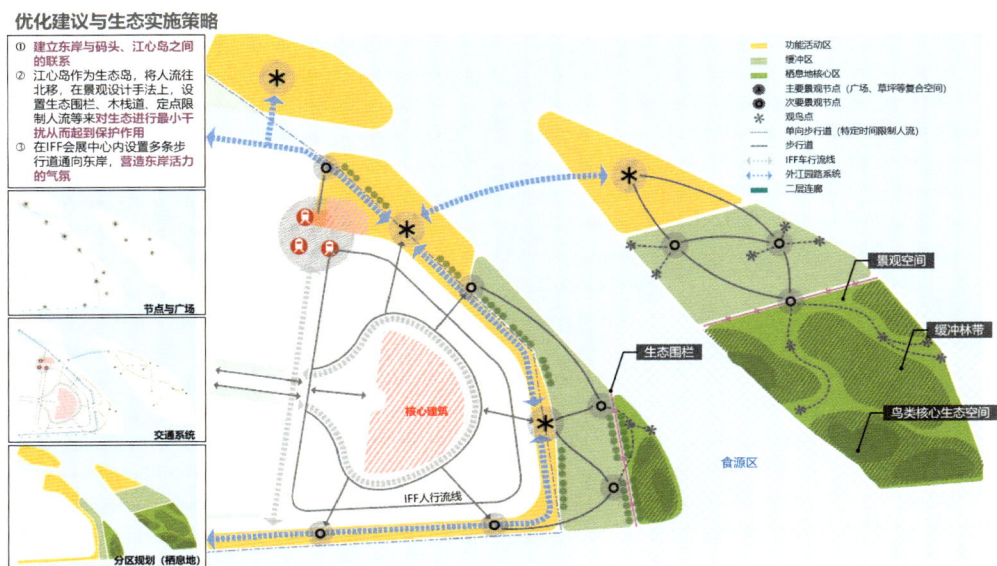

东岸与江心岛布局导控要点

东岸活力空间（正对会议中心主轴）

湿地公园鹬类栖息地营建

生境营建要求		
营建乔灌草复层植物群落，复层的植物群落有利于阻隔游人干扰，为鸟类提供隐蔽场所	泥质沼泽地，种植挺水植物群，可创造人为凹坑，吸引鹬类筑巢	石滩-沙滩-泥滩生境。主要种植沼生植物和水生植物。区域为近岸鱼类、幼鱼的栖息地和鱼类产卵场地，可提供丰富的食源
微地形/植被覆盖要求		
郁闭度大于0.5、小于0.9为宜，乔木比例宜>50%	坡度<10°，植被覆盖率<25%营建人工凹坑时，间距宜>4m	坡度<10°，在水边营建木桩，供鹬类休憩

长趾滨鹬

反嘴鹬

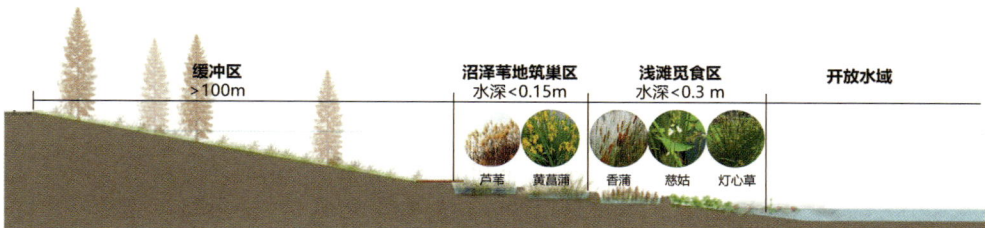

缓冲区
>100m

沼泽苇地筑巢区
水深<0.15m

芦苇　黄菖蒲

浅滩觅食区
水深<0.3 m

香蒲　慈姑　灯心草

开放水域

鹬类栖息地结构示意图

鹬类栖息地生境营建导控要点

生态水系意向

二、开放空间

　　开放空间涉及横沥岛尖多个区域，主要包括广场、步道系统、绿地休闲区和临近水域的公共活动空间等。这些空间的设计不仅需要满足居民和游客的日常使用需求，还要具备一定的生态保护功能，提升区域的整体景观价值与生态效益。通过对开放空间的导控，支持每个空间能够有效服务市民，同时体现生态景观设计的核心理念，推动空间的多功能利用。这些空间在全岛景观设计中具有重要地位，它们不仅为居民提供休闲娱乐场所，还连接着不同的功能区，形成了全岛生态景观和人文活动的核心纽带。

　　导控工作的实施强化了这些空间的设计与使用需求、生态功能以及景观品质的有机结合。通过科学合理的规划和精细的设计执行，开放空间不仅提高了全岛的宜居性，还增进了与自然环境的和谐互动。导控精细化管理为这些空间的顺利落地提供了保障，确保项目的可持续性和生态友好性。

（一）导控要点

◆多功能区布局与活动主题定位：开放空间的设计需要通过明确的功能定位，为不同的活动提供合适的空间。设计时需考虑到不同人群的需求，如儿童、老年人、青年家庭等，保障空间能够灵活支持休闲、社交、文化交流等多种活动。

◆连接与交通优化：优化开放空间内部的步道系统，推动各功能区的高效连接。同时，设计需要考虑到与周边城市功能区的衔接，提升整体空间的流动性和可达性，保证市民在不同景观空间之间的便捷流动。

◆可持续性与生态功能：开放空间的设计不仅要满足使用功能，还需融入生态景观设计，设置雨水花园、植被带等生态设施，提升空间的环境质量。特别是在水资源利用、生态修复等方面，设计要促进生态功能的最大化。

类别	性质	位置		设计要求	控制等级
空间策划	全岛要求	全岛	社会服务	结合各类综合服务，使公园成为城市综合服务据点	✓
			功能呼应	考虑周围产业需求，提供适合商务活动的城市公共开放空间	✓
			城市活动与在地性	根据城市中各类层级的公园分化，配置适合的活动类别，且迎合当地文化活动需求，例如舞狮、龙舟等。并且挖掘既有构筑物，改建成能传承本地记忆的特殊公园	✓
			交通连接	迎合周边大小型公交站点，利用公园形成能替代人行道的舒适路径和空间节点	✓
			身心健康	顾及使用者身体及心理健康，提供康体活动空间之余，也须考虑静心灵静养活动如静瑜伽、冥思、观景等空间需求，提供心理健康环境	✓
			定位与实施	各级公园定位及实施时序（包括分期实施）应符合"景观重要性分组"，并依据"公园层级与活动主题定位"以及"活动空间需求"，保证每个公园至少承担一类主题活动，并协调全岛主题活动的分类布局均衡	✓
			附属配套	各类活动空间设计应根据其需要设置相应的配套附属设施（如遮阴设施、集聚场所、停车、服务等），并提供保证功能正常进行的场地基本条件（如面积大小、围合情况、开放管控、场地表面条件与材质等）。具体要求应符合相关规范及控制要素说明	★★★
	分区要求	桥梁及周边绿地	景观融合	景观方案协调桥梁及周边绿地（如桥下空间、桥底、桥台）做整合设计，取得协调统一的效果	✓
			功能适宜	桥梁空间与开放空间功能结合桥梁策划及活动策划进行设计，结合空间特征设置适宜的活动功能（根据桥下空间不同高度设置相应的适宜性活动，如开敞高空间适宜设置运动场所等）。具体要求应符合相关规范及控制要素说明	✓
		下沉广场及出地面设施	整合设计	对于下沉广场及其他出地面设施，应优先考虑将基建设施建（构）筑物结合使用者需求统一设计。根据不同尺度进行分类考虑，整合设计，不适宜展示的设置及装置可以考虑隐藏设计。具体要求应符合相关规范及控制要素说明	✓
		工业与人文遗产	文化遗存	结合场地现状及构筑物价值，适当保存原场地的历史文化遗存［要素或建（构）筑物］，并结合保留要素的特征融合适应的活动功能，体现相应的文化风貌。具体要求应符合相关规范及控制要素说明	✓
			景观融合	工业与人文遗产的保留应与周边景观相融合，适当的立面改造及景观形式或景观结构的保留与重现应充分考虑场地的景观风貌。具体要求应符合相关规范及控制要素说明	★★★
			功能适宜	工业与人文遗产的保留应结合空间特征设置适宜的活动功能（如大型工业空间的广场化改造或展示性空间改造、滨水民居的商业化改造等）。具体要求应符合相关规范及控制要素说明	★★★

开放空间导控要点

（二）案例：内河涌公园

内河涌公园空间分区明显，包括文化艺术展示区、运动休闲区和生态修复区。文化艺术展示区通过设置开放的广场和临时展览区域，吸引游客参与地方文化活动。运动休闲区包括健身路径、篮球场等设施，供市民进行日常锻炼。

内河涌公园与城市活力的结合

　　空间布局方面，内涌公园步道系统贯通全园，动线清晰，并通过绿道与城市其他区域连接，实现了开放空间的可达性；特别是通过设计绿色廊道，实现了公园内景观与周边自然景观的有效衔接，提升了整体的景观效果。

　　内涌沿岸滨水道布置主要位于标高 5.5m、6.3m、8.4m 以上：① 5.5m 上布置滨水主园路，可向高标高处延伸，增加主园路的空间体验性；滨水湿地处设置滨水栈道小路；②核心活动布置在 6.3m 标高以上，设置主园路或支路联系市政道路或地块；③绿地宽度小于 15m 处道路合并成一级。

园路系统图

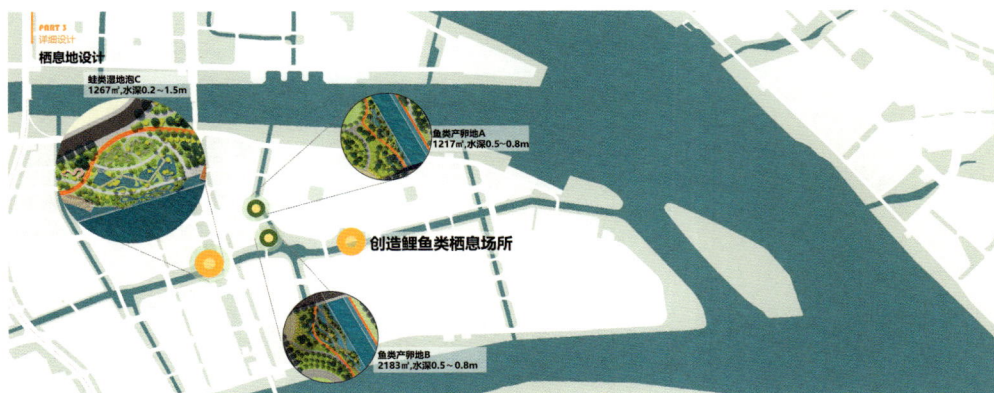

内河涌生态斑块识别

　　在生态设计上，公园通过湿地修复和生态绿化带的建设，提升园区的生态效益。设计师选择本土水生植物，以改善水体质量，同时设置雨水花园和滞洪池，有效缓解城市内涝问题，并增加生物栖息地。

在横沥岛尖的景观设计与实施过程中，生态景观总师的工作不仅仅集中在各个重点景观空间的导控上，还涉及全岛范围内各景观要素的全面把控。整岛范围内的景观要素控制要求对于支持项目从整体规划到细节实施的精确性具有至关重要的作用。通过对不同景观系统要素的控制，确保每个环节都符合生态保护、景观品质和功能需求的标准，从而保证整体项目的协调推进。

整岛景观设计涉及多个子系统，每个子系统在不同阶段有不同的设计重点和执行细节。因此，景观要素的控制范围不仅要考虑生态景观的功能性，还要融入公共设施、交通系统、景观小品等多个方面。生态景观总师的导控任务是强化各要素在实际实施过程中，不仅能满足规划要求，还能适应现场的具体条件，提升全岛景观的整体效果。

一、环境生态导控

在横沥岛尖的整体景观设计中，环境生态要素的控制至关重要。生态景观总师必须保障全岛内的生态环境能够得到有效保护和合理利用，特别是水生态、植物群落、栖息地等核心生态系统。通过对环境生态要素的精细化控制，确保每个区域都能够在提升生态功能的同时，优化其景观效果，满足全岛整体可持续发展的需求。有效的生态控制不仅能够提升全岛的绿化覆盖和生物多样性，还能加强生态修复和水资源利用，推动项目的绿色发展。

（一）导控要点

◆水生态工程与生态岸线：设计中需特别关注水生态的保护和修复，要求水体岸线的生态化处理。水岸的设计应采用自然型生态岸线，推动水生植物的栖息地得到有效保护。建议在水体区域进行湿地恢复，设计中必须使用生态水系，包括自然种植的湿地植物，如芦苇、香蒲等，以提高水体净化能力和生态功能。

◆生物多样性提升与栖息地建设：为了提升生物多样性，要求全岛内每个生态区域都建设相应的生物栖息地，并通过绿色廊道连接各个栖息地。

栖息地的设计应优先考虑本土物种，特别是在湿地和滨水区域，设计中使用本土水生植物，如黄菖蒲、芦苇，生物栖息地的总面积应达到总绿地面积的30%。

生态岸线类型分析

护岸类型	适用条件	生态功能	材料性能	案例
自然植被护岸	流速<3m/s	1. 截留污染物 2. 植被覆盖率高，能较好地提供生物栖息堤	采用自然土壤，优先选择本土植被	英国伊丽莎白二世奥林匹克湿地公园　哈菲克湖景观项目
半自然型护岸（包括木桩、石块、石龙、土工网）	流速4~6m/s，护岸整体稳定性好	1. 截留污染物 2. 利用石块缝隙进行水系沟通并提供水生生物栖息地	材料自然或半自然，土工材料为高分子聚合物，化学稳定性高	金斯顿防波堤岸公园　南通能达商务区生态绿轴
人工型护岸（多孔混凝土、生物砌块）	可抗强烈冲刷，抗流速可达8m/s	一定程度上截留污染物	材料含钢筋、水泥成分，材料强度高	西雅图中央海滨区　瑞典斯德哥尔摩带状滨水码头公园 在设计中，定制化解决方案采用预制混凝土透光面板和特殊成型、定位和安装的玻璃铺筑材料，为三文鱼走廊提供最佳自然光线。

湿地植物配置

植栽选择的原则

本土植物	净水功能	观赏价值
本土植物对当地的光照、土壤、水分适应能力强，易于形成自然丰富的生境，且能维护成本和减少水资源消耗	选择耐污能力较强的植被，以增加湿地水质提升能力	本土植物对当地的光照、土壤、水分适应能力强，易于形成自然丰富的生境，且能降低维护成本和减少水资源消耗

植物配置

配置时遵循物种多样性、再现自然的原则，体现陆生-湿生-水生态系统的渐变特点，植物生态形成从陆生的**乔灌草到挺水植物到浮叶沉水植物**的梯度变化

1.陆生植物

- 注意速生和慢生、常绿和落叶树种之间的搭配，避免乔木种单一化，冬季萧条
- 种植时防止上面过密植栽而影响下层水生植物的阳光照射

陆生植物模式	适宜场所
乔-灌-草	陆生景观区，防护绿地
乔-灌	陆生景观区、服务设施周边绿地
乔-草	
灌-草	

2.湿生植物

结合潮间带修复的湿地植可参考潮间带修复指引中的植被建议

间隔种植，不同群落间可块状、点状、镶嵌间断种植，留出大小不一的缺口，以营造景观效果

湿地分区	面积比例
沉淀区	10%
深水区	20%
挺水植物区	30%
浮水植物区	35%
干湿交错带	5%

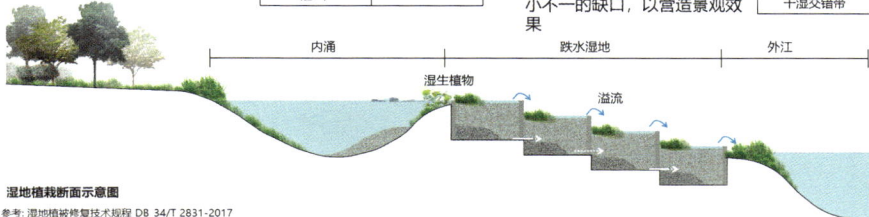

湿地植栽断面示意图

参考：湿地植被修复技术规程 DB 34/T 2831-2017
成玉宁. (2012).湿地公园设计.

湿地植物配置导控要点

◆环境舒适性与海绵设施的使用：提升环境的舒适性，要求通过设计风廊、降温绿地等方式提高全岛的宜居性，特别是在湿地、滨水区域和绿道等景观中，注重海绵设施的使用。具体要求包括在生态敏感区设置雨水花园、滞洪池，并促进通过设计将雨水利用率提高至70%，减少内涝风险。

生态防风林

· **排布方式**

1. 基于现状红树林进行修复，并配置人工林带，林带宽度宜为30～50m

2. 以人工林为主的防风林，林带宽度宜为100～200m

3. 典型防风林带结构

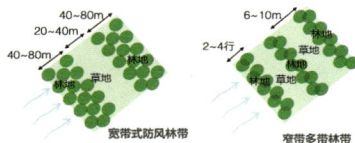

宽带式防风林带　　窄带多带林带

4. 构建防风林的同时考虑预留引风廊道

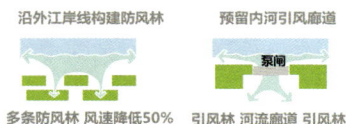

沿外江岸线构建防风林　　预留内河引风廊道

多条防风林 风速降低50%　　引风林 河流廊道 引风林

· **植栽种类**

树种混杂的混交防风林作用效果优于较单一树种的纯林，同时多树种混杂在保持生物多样性的同时可为更多的动植物提供生存休憩空间。因此建议选择适合本地生长、抗风、耐盐性强的树种，同时兼顾景观效果

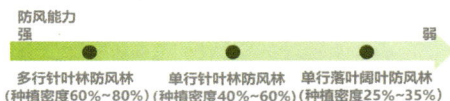

防风能力
强　　　　　　　　　　　　　弱

多行针叶林防风林　单行针叶林防风林　单行落叶阔叶防风林
(种植密度60%～80%)(种植密度40%～60%)(种植密度25%～35%)

· **防风区建筑排布**

通过树木与建筑之间的合适布置达到效果，并保证通风性

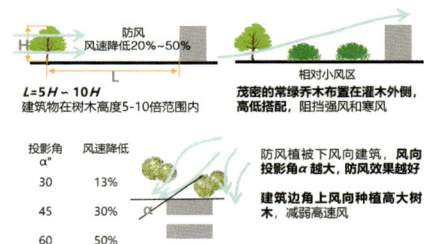

防风
风速降低20%～50%

$L=5H\sim10H$
建筑物在树木高度5-10倍范围内

相对小风区
茂密的常绿乔木布置在灌木外侧，高低搭配，阻挡强风和寒风

投影角 α°	风速降低
30	13%
45	30%
60	50%

防风植被下风向建筑，风向投影角α越大，防风效果越好

建筑边上风向种植高大树木，减弱高速风

生态防风林导控要求

（二）案例：外江生态带

外江生态带的设计特别注重水生态工程的实施。设计中采取了生态岸线处理，通过种植湿地植物和本土水生物种，提升水体的净化功能，减少对水体生态系统的侵害，并有效抵御水土流失。通过设置生态栖息地和生物走廊，增强外江区域的生物多样性，改善当地生态环境。

在外江区域的生态功能设计中，特别强调海绵城市的概念，采用雨水花园、透水铺装等设施，有效减少水体污染，增强景观与生态的双重效益。

抛石护岸与滩涂岛群的结合

外江湿地与海绵设计的结合

二、公共设施导控

公共设施的设计和实施是整岛景观控制中不可忽视的要素，它直接影响到全岛的使用功能和景观品质。在横沥岛尖的景观设计中，公共设施的控制不仅要实现其与景观的融合性，还需满足环保、节能等可持续发展的要求。生态景观总师通过对各类公共设施（如照明、智慧设施、无障碍设计等）进行细致的导控，确保其能够与周围环境和景观协调，服务于不同功能区的需求，并提升全岛的综合服务水平。

导控要点

◆照明设施设计的规范与可持续性：照明设施的设计应达到节能标准，例如，所有景观照明应符合LED技术要求，并在设计中考虑到光污染控制。夜间景观照明的平均照度应满足 100 ~ 200 lx 的范围，避免过度照明，减少对周围居民和生态环境的影响。

◆智慧设施与绿色建筑的整合：智慧设施的设计需根据全岛不同功能区的需求进行调整。智慧照明、环境监测、交通引导等设施应支持在功能性和美学上与景观和建筑风格一致。设计要求每个公共空间必须配备智能管理系统，实现对环境变化、公共安全等方面的数据采集与实时反馈，并将绿色建筑技术整合到每个建筑单元中，确保达到 LEED 绿色建筑认证标准。

◆标识系统的整合与优化：标识系统设计应具备统一的风格，强化功能性的同时兼具美学价值。设计要求标识系统在全岛不同区域之间的过渡必须清晰，保证游客可以通过标识快速了解其所在位置。特别是在大型公共空间，标识应具备动态指引功能，确保游客可以根据实时信息选择最佳路径。所有标识的高度、字体、颜色等应符合视觉引导的要求，以最大限度地提高可识别性。

◆无障碍设计与服务设施：设计中所有公共空间必须遵循无障碍设计原则，保障老年人、儿童和残疾人士的无障碍通行。无障碍通道宽度应不小于1.5m，坡度应不大于5%。所有无障碍设施应符合国际无障碍设计标准，包括轮椅通道、专用休息区、标识系统等，确保每个功能区域都能无障碍访问。

外江	内涌	社区公园	线性绿道
城市形象夜景风光 生态友好的照明环境	活泼多元的商业灯光 历史文化的继承发展	宜人活动的灯光 聚集性的开放环境	日常使用的功能性照明

横沥岛尖景观灯光设计分区及控制原则

	颜色	形状	材质	注意事项	示意图
安全警示类 公益提示 友情提示 智能警示	黄底、黑边、红色图案	正方形，顶角朝上	PVC塑料 亚克力 板反光 LED灯光	• 鼓励环境安全标识与交通安全标识设计手法一致 • 设置位置不小于需提醒使用者注意事项5m处	
导视指引类 慢行通道标识 滨水标识	棕色底 白字\黑字 绿色\灰色图案	长方形、正方形	不锈钢 防腐木	• 一级类型：需要注明"横沥岛滨江公共空间""横沥岛绿道"等字样和图标 • 标识设置于服务设施1km范围内，间距在200~500m之间	
解释说明类 要点介绍 生境介绍	黑底\棕色底 白字 绿色图案	长方形	防腐木 PVC板	• 设置中英文对照，通俗易懂，避免产生分歧和误解	
命名标识类 地名 道路名 景点名 建筑名	米色\棕色底 白字 黑色图案	长条形、尖头	不锈钢 铝氧化	• 指示最佳的路径方向和距离 • 图文并茂	
无障碍类	蓝底 白字 白色图案	长方形、正方形	PVC塑料 亚克力	• 设置盲文/语音 • 对比性颜色/增大字符服务视力障碍人士 • 部分图片提示认知能力弱者 • 设置低位服务于轮椅使用者、儿童	

标识系统设计统一标准

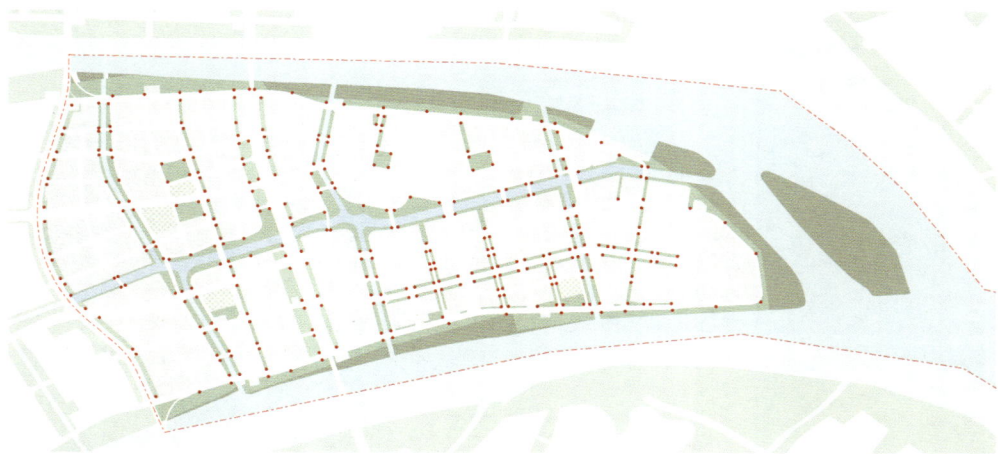

横沥岛尖无障碍出入口参考点位

三、慢行系统导控

　　慢行系统的设计和实施对横沥岛尖景观系统的整体体验至关重要。生态景观总师在此领域的工作是促进每条步道、绿道与功能区域之间的流动性和舒适性，同时兼顾景观的美学效果和生态功能的提升。通过对慢行系统的精细化控制，不仅可提高全岛的可达性和便利性，还可增强生态连接和景观的连贯性。每条慢行道路都需体现出景观设计的层次感，同时提供足够的舒适性和安全性，确保使用者能够在其中享受到高质量的休闲体验。

（一）导控要点

　　◆慢行系统的连通性与舒适性：设计中步道的宽度应不小于2m，特别是在景区和休闲区，应根据使用人数的预估，增宽至3m，保证游客和市民使用的舒适性与流畅性。同时，步道的坡度应控制在5%以下，确保无障碍通行。设计中应注重材料的选择，尤其是绿道和步道系统的表面材料应具备防滑性和透水性，以增强使用舒适度。

◆道路与景观融合：慢行系统的设计必须与周围景观有机融合。特别是在滨水区域和自然景观区域，步道应采用自然材料，如石板、木材等，以支持材料的环保性、耐用性和美学效果。同时，设计应考虑景观的连续性，确保步道沿途有充足的休息设施，如座椅、遮阳棚、景观小品等。

◆安全性与舒适性：在慢行系统设计中，特别注重行人和非机动出行者的安全性。所有步道系统应配备安全护栏和指引标识，强化游客在使用过程中无安全隐患。设计中应考虑到夜间照明，确保步道的夜间照明平均照度达到 50 ~ 100lx，保障夜间使用的安全。

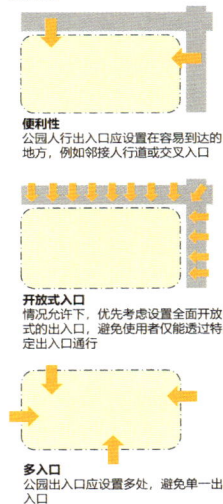
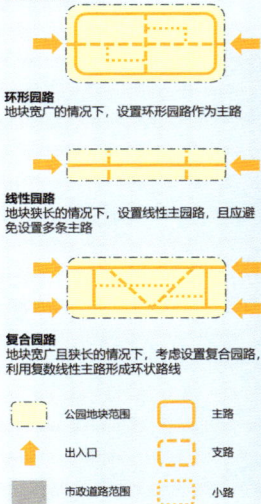

出入口与园路系统导控要点

（二）案例：线性绿廊

线性绿廊的慢行系统设计注重与周围自然景观的融合。步道系统贯穿绿廊，设计中通过自然的曲线与周围的森林景观相呼应，保障步道的舒适性与视觉美感。

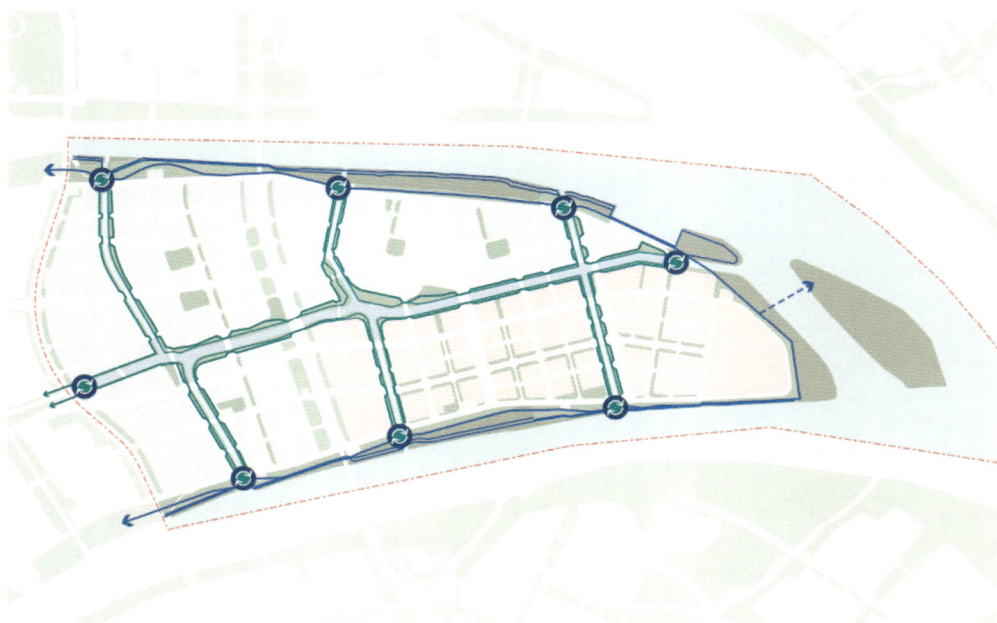

横沥岛尖休闲性园路路线规划

慢行系统与河涌碧道的结合

步道宽度达到规范要求，并为骑行者和行人提供分道设计，提升使用体验。在安全性设计方面，步道两侧设置防护栏杆，并在关键路段增加指引标识和休息点，确保使用者的安全和舒适。

慢行系统与二层连廊结合景观

四、景观风貌导控

景观风貌是横沥岛尖整体景观设计中至关重要的一部分，不仅关系到生态环境的提升，还直接影响全岛的视觉效果与体验感。通过对景观风貌的控制，生态景观总师推动了全岛每个景观区域的绿化设计与周围环境的协调性，使全岛景观在美学和功能性上达到最佳效果。景观风貌控制涉及的不仅仅是植物的配置，还包括铺装、建筑、小品、城市家具等多方面的设计要素。每一个细节都需经过精心设计，以保证全岛的整体景观效果和生态品质。

（一）导控要点

◆绿化覆盖与本土植物的优先使用：为提升生态稳定性与景观特色，设计要求绿化覆盖率不低于70%，且绿化面积中，本土植物比例应达到80%。特别是在滨水和湿地景观区域，设计应优先选用适应性强、耐盐碱的本土植物，促进植物在水文变化和湿润环境下良好生长，并为当地生物提供栖息地。对于其他区域，使用本土乔木与灌木的比例应不低于70%。

◆铺装与材料设计：铺装设计应优先选用透水性材料，实现透水系数达到 1.0×10^{-3} m/s。在公共广场和步道系统中，建议使用天然石材、透水混凝土、砖石铺装，以保证路面强度和透水性能。所有铺装材料应符合环保要求，如无毒、无害、可回收使用等标准，且铺装色调与景观整体风格相协调，避免使用高反射、高污染的材料。特别是在临水区域，铺装设计要考虑到景观与生态的和谐统一。

◆景观小品与城市家具：所有景观小品和城市家具（如座椅、垃圾桶、标识系统等）的设计要与景观风格一致，色调统一。座椅和休闲设施应选择耐候性强、符合人体工学的材料，如不锈钢、木材，并考虑到其可持续性和耐用性。特别是在休闲区与观景区，座椅应保证视野开阔，且设置合理的间距（不小于1.5m），以便提供舒适的使用体验。同时，所有设施应遵循无障碍设计原则，支持适合所有年龄层和群体的使用需求。

◆建筑与设施的协调性：在设计建筑和其他设施时，要求与周围自然景观无缝融合，避免大规模突兀的建筑物与景观之间的冲突。建筑外立面应使用自然色调的材料，如石材、木质外墙，并且其色彩、风格需与自然环境及植物配置相匹配。设计中需考虑建筑的功能性与美学性，强化每个建筑不仅符合环境要求，还能增强整体景观的视觉效果。建筑高度应合理控制，避免影响景观视野，特别是在滨水区域的建筑物应控制高度，使其不超过10m，以保持视线的流畅性。

（二）案例：滨水绿带

滨水绿带的景观风貌设计特别注重植物配置的多样性与生态功能。设计中优先选择本土植物，保障植物适应性强，能够在湿润和盐碱的土壤条件下生长。同时，植物群落的配置遵循多层次、多样化的原则，乔木、灌木和地被植物的比例分别为50%、30%和20%，确保生态效益的同时，提供丰富的景观层次感。

在硬质景观部分，滨水绿带的铺装选择具有透水性能的砖石铺装和天然石材，推动透水系数达到 1.0×10^{-3} m/s。此举不仅能有效缓解城市内涝问题，还能增强

外江植物景观应以**生态性**和**安全性**为主要原则，构建适宜的生物栖息场所、防风防浪、水体净化、兼具休闲游憩功能。

栖息地　防风防浪　水体净化　休闲游憩

1. 植物景观应统一而富有变化，通过复层种植中部分植物种类的变化关联外江各段景观特色，又保持外江景观的连贯与完整，协调空间层次、水城关系。
2. 行洪控制线以内植物种植不应妨碍防洪排涝等水利功能。
3. 滨水滨岸景观带应优先选用抗风耐盐的本土木本植物及乡土草本植物。
4. 涉水或涉及海绵设施的水生植物应考虑植物生活习性进行种植。
5. 绿化覆盖率应**≥70%**，绿化覆盖面积中**乔灌所占比率应≥70%**。
6. 外江植物带**宽度应不小于50m**，**层数不少于5层**，防风区结合周边环境，慢生速生合理搭配，**高度不低于5m**。
7. 植物设计应结合相关生态需求，如潮间带及湿地修复（参见潮间带修复、河口湿地），植物防风防浪（参见生态岸线），生物迁徙（参见迁徙廊道）等。

悉尼布朗格鲁保护区

外江骨干植物：

乔木： 美丽异木棉、木棉、凤凰木、大叶紫薇、红花羊蹄甲、小叶榄仁、秋枫、黄花风铃木、宫粉紫荆、中国无忧花、大叶榕、细叶榕、垂叶榕、高山榕、台湾栾树、黄樟、人面子、假苹婆、蒲葵、银海枣、加拿利海枣

小乔木： 鸡蛋花、小叶紫薇、苏铁

灌木： 勒杜鹃、肖黄栌、黄金榕、黄钟花、硬枝黄蝉、软枝黄蝉、灰莉、木槿、粉花朱槿、花叶鹅掌柴、金叶假连翘

草本地被： 马缨丹、肾蕨、棕竹、沿阶草、春羽、海芋、花叶良姜、龟背竹、大叶银边草、蜘蛛兰、马尼拉草等

外江植物风貌导控要点

类别	性质	位置		设计要求	控制等级
铺装与材料	全岛要求	全岛	功能与安全	铺装应满足基本功能性要求，符合用地比例，满足安全需要	✓
			透水性	根据相关海绵城市设计要求，铺装透水性应满足相应指标	✓
			可持续性	铺装设计应考虑改善城市生态环境质量、景观微气候，降低地表温度，促进实施城市生态环境可持续发展	★★★
			特征性	铺装场地宜根据不同功能要求作出不同的设计，应充分体现当前场地设计理念，不应采用抛光面材，不应大量使用散置砾石、卵石、碎石，且置于人可亲近区域	✓
	分区要求	凤凰大道 灵新大道	空间比例	根据线性绿廊宽度及所处周边环境，可少量设置停留空间，铺装设计应与周边景观设计相衬，且停留空间铺装材质宜选用天然材料，如：天然石材、原木等 较窄线性绿廊，不宜出现大量硬质铺装场地，主要以种植、生态空间为主（不含市政人行道）	★★★

铺装与材料设计要求

横沥岛尖城市家具类型及落位建议

类型	名称	绿地类型					结合服务设施（建筑）进行设计
		外江景观	内涌景观	社区公园	线性绿廊	附属绿地	
服务设施	垃圾桶	✓	✓	✓	✓	★★★	—
	室外音响	✓	★★★	—	—	—	—
	饮水装置、洗手台	★★★	★★★	★★★	★★★	—	—
	自动贩卖机	★★★	★★★	—	—	—	★★★
安全保障设施	车挡	✓	✓	✓	—	—	—
	监控设备	✓	✓	✓	—	—	—
	照明设施	✓	✓	✓	★★★	—	—
	紧急求救设施	✓	★★★	★★★	★★★	—	★★★
	栏杆	✓	✓	✓	✓	✓	—

续表

类型	名称	绿地类型					结合服务设施（建筑）进行设计
		外江景观	内涌景观	社区公园	线性绿廊	附属绿地	
游憩、健身设施	座椅	√	√	√	√	★★★	—
	体育活动	★★★	—	—	—	—	—
	健身设施	★★★	★★★	★★★	—	—	—
	游乐设施	√	√	★★★	—	—	—
装饰设施	可移动花箱	—	—	—	—	—	—
	花钵	—	—	—	—	—	—

滨水林下休憩空间

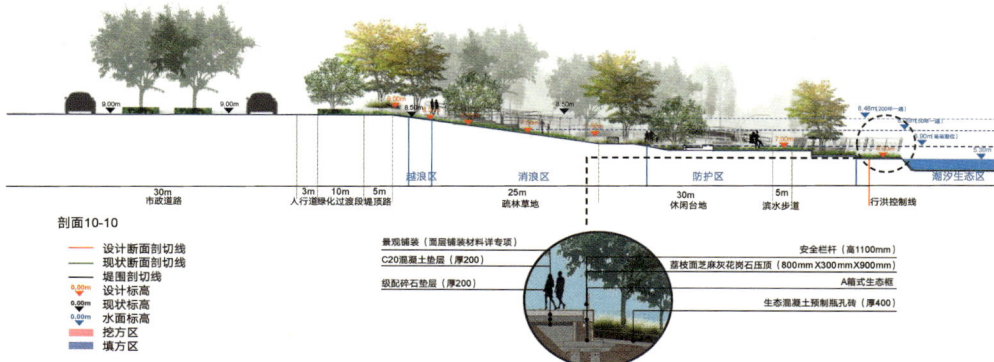

剖面10-10

滨水绿带剖面图

景观的生态效益。此外，景观小品（如座椅、休闲亭、观景平台等）均采用耐候性强的不锈钢、木材，并与周围景观环境和建筑风格相统一。

在建筑设施方面，滨水绿带区域的建筑采用低调简约的设计风格，色调与周围自然环境相契合，保证不干扰景观视野和实现生态功能。

五、小结

通过生态景观总师制度的引导，横沥岛尖规划要素的实施实现了从宏观战略到微观细节的精准落地。本章所解析的导控方法与原则，为项目实施中的多维协作与动态调整提供了系统化解决方案。在滨水公园、中轴涌等重要空间，导控工作的成功实践不仅保障了规划目标的实现，还为区域生态功能的持续提升与城市功能的有机融合提供了技术支持。

我们也注意到，在实际操作中，导控方法的实施也面临着一系列难点和潜在副作用。例如，多学科协作过程中，各专业团队在优先事项上的冲突成为常见问题。景观设计团队可能更注重场地的视觉美感，而生态团队则倾向于强调生态系统的完整性，这种目标差异可能导致设计调整频繁，从而增加项目推进的时间和成本。此外，导控方法强调的分层次、分阶段管理机制，尽管有助于提升整体协调性，但在面对现场不可控因素时（如规划实施时序等），可能缺乏灵活性，导致部分设计目标难以在实际操作中完整实现。

为应对这些难点并消除副作用，总师团队在实践中采取了多项措施。一方面，通过定期召开跨学科协作会议，强化不同专业团队的沟通与共识，尽可能缩小目标冲突的范围；另一方面，通过引入动态调整机制，为导控方法注入灵活性。例如，在实际实施阶段，针对部分景观节点无法完全按照规划落实的情况，团队通过实时调整设计方案来适应现场条件，保障设计目标的落地性和可行性。这些实践经验为未来类似项目的导控体系优化提供了有益的借鉴。

接下来的章节将聚焦于生态景观总师制度在综合设计中的具体应用，解析如何通过系统化设计策略实现生态功能与城市功能的深度融合，并探讨设计方案从规划到实施的转化路径，为横沥岛尖项目的整体落地提供技术支持与实践经验。

　　横沥岛尖的景观规划以生态保护、文化传承和公共参与为核心，旨在构建一个生态与人文深度融合的滨水城市空间。本章承接生态景观规划的理论框架及要素导控成果，结合横沥岛尖的实际情况，从韧性基底的构建到生态核心的塑造，从多维景观廊道的布局到人文元素的创新融入，系统阐释了如何在现代城市开发中实现环境可持续性与文化特色的有机统一。这一设计不仅提供了滨水城市景观的创新模式，也为未来同类项目的实施积累了宝贵经验。

第一节　理念与方法

横沥岛尖的生态景观综合设计以"韧性为基、生态为核、景观为形、人文为魂"为核心理念，强调在规划阶段提出的生态景观总师制度的实践效果。通过全面统筹、精细管控与跨学科协作，总师将前期规划的整体目标与导控的具体要求落实到设计阶段，与景观设计团队紧密配合，形成了兼具功能性、生态性与美学价值的综合设计体系。

一、韧性为基：弹性适应与系统缓冲

作为滨水地区，横沥岛尖需要应对极端气候、台风潮汐等自然风险。"韧性为基"是综合设计的首要理念。生态景观总师在规划阶段提出了外江与内涌的生态缓冲区概念，并通过导控将这一目标转化为具体的防洪体系与生态岸线要求，包括不同岸线类型的适用条件、防护等级和生态功能。

在综合设计中，总师指引设计团队通过跨学科协作将弹性适应理念具体化。例如，在外江生态带，总师协调景观设计与水利工程团队，优化生态型岸线与半生态型岸线的结合，通过植被滞洪与工程护岸相辅相成，既能满足防洪需求，又实现生态功能。在内涌区域，总师主导引入雨水花园与滞洪湿地，提升区域的雨洪调节能力，同时结合动态植被设计，为未来气候变化预留适应空间。这种韧性设计在规划与实施间建立了无缝衔接，使整个场地具备长期的环境适应能力。

二、生态为核：生态功能的核心导向

"生态为核"是生态景观总师在综合设计中的核心指导思想，体现了以生态功能为优先目标的设计逻辑。总师在规划阶段确定了全岛四大景观空间（外江、内涌、社区公园和线性绿廊）的生态功能定位，并在导控阶段细化了如植被配置比例、生物多样性提升与水体修复的具体指标。

设计阶段，总师指导设计团队将这些生态目标具体化。例如，在外江区域，总师统筹植被设计与水体修复技术，通过多层次植被配置构建栖息地廊道，同时结合生态岸线提升水质净化能力。在内涌绿带，设计融入水生植物与生态设施，通过合理的植被选择和廊道布局，实现生态连通性与生物多样性双提升。此外，生态景观总师还推动建立本土植被优先种植的原则，在全岛范围内推广岭南特色植物，以增强场地的生态稳定性和韧性。通过将生态目标贯穿于各景观分区，设计全面落实了"生态为核"的核心理念。

三、景观为形：视觉美学与空间体验结合

生态景观总师在综合设计中强调了景观的视觉表现力和空间组织功能。"景观为形"要求设计既满足功能需求，又具有美学吸引力。规划阶段，总师提出通过多样化的景观形态增强场地的动态体验感，特别是在步道系统、滨水节点和社区空间等方面进行布局优化。

在具体设计中，总师指导了多个空间节点的景观塑造。例如，在线性绿廊区域，总师通过协调景观设计与交通系统布局，形成步道、绿道和水体景观的有机结合，为居民提供丰富的动态体验。滨水步道的设计以柔和的曲线呼应场地地形，同时引入观景台、栈桥等多层次景观设施，提升空间层次感和视觉吸引力。无论是功能区间的联动，还是景观小品的布置，总师都以全局视角把控每一处景观，使其既符合场地功能需求，又与整体生态系统协调统一。

四、人文为魂：社会价值与文化表达

"人文为魂"体现了生态景观总师制度在人文价值层面的深度思考。横沥岛尖不仅是一个生态场所，更是一个承载文化记忆与社区互动的平台。总师在规划阶段明确了文化展示与社区服务作为场地的重要功能，并在导控中细化了公共活动空间的设计指标，推动文化表达和人文互动的有效融入。

在内河涌区域，总师指导设计了岭南文化展示区，通过本土材料与传统符号的景观化表达，强化场地的文化特色。在社区公园和开放空间设计中，总师强调互动性与多功能的结合，通过设置教育展示区、亲子活动场所与夜间广场，为市民提供多元化的活动空间。这些设计不仅促进了场地与使用者之间的互动，还通过传承岭南文化，增强了居民的归属感与认同感，展现了"人文为魂"的核心精神。

　　秉承"韧性为基、生态为核、景观为形、人文为魂"四大理念，生态景观总师在综合设计阶段充分发挥统筹协调与专业指导的作用，将规划与导控的宏观目标转化为具体的设计策略，推动场地从理论到实践的落地实施。接下来的章节将围绕这些理念，进一步探讨其具体设计成果与实践效果。

第二节 韧性基础构建

横沥岛尖位于珠江三角洲滨水区域，处于外江与内河涌交汇地带，面临复杂多样的自然风险。为应对台风、洪潮、暴雨等自然灾害，场地设计构建了外江、内河涌和地块三级防护体系，并通过生态基底的整合提升其弹性和适应能力。这一体系不仅可确保区域的安全性，还通过生态与景观的结合增强了场地的综合功能。

一、洪潮冲击的弹性应对

（一）韧性防护体系

横沥岛尖融合生态工法与自然防御策略，将安全工程、生态功能与景观价值相结合，构建了兼具韧性与自然美感的水绿生境。这一设计不仅提升了区域的防护能力，还通过多层次生态优化，为城市居民提供了亲近自然的活动空间。在外江区域，采用强化生态堤岸的措施，通过多级平台消浪系统、生态消浪设施和生态瓶孔砖等手段构建安全韧性的水岸景观，同时完善桥闸合建等基础设施建设，弥补防洪排涝体系的短板，全面提升外部水安全能力。在内河涌周边区域，通过生态岸线、滨水缓冲带和雨水末端处理技术，与开放空间标高设计和排水策略相结合，形成综合的雨水管理与防洪网络。这一设计有效提升了内涝风险的应对能力，同时强化了场地的长期适应性与生态功能。

外江、内河涌和地块的三级水安全体系通过多种策略协调了区域内的防护需求。外江区域依托超级生态堤岸实现 200 年一遇的防洪（潮）标准；滨岸缓冲带使内河涌能够实现 50 年一遇暴雨的 24 小时无灾害排涝目标；地块层面则通过道路绿地和滞蓄公园等海绵城市设施，使得年径流总量控制率达到 70%。

（二）超级生态堤岸

外江防护采用的超级生态堤岸是横沥岛尖韧性基础的重要组成部分，也是整个区域防洪潮安全的关键防线。从传统"硬性"海堤技术向基于生态理念的"超级生态堤"建设转变，是横沥岛尖多维韧性发展的重要创新。该堤岸在满足河道行洪控制线和岸线规划等约束条件的基础上，通过退堤、分区防护、生态修复、闸泵桥合建和综合开发策略，力求实现防洪潮安全与生态功能的融合，助力区域形成安全、韧性和生态并存的综合防护格局。

超级生态堤岸的核心创新在于将传统单一防潮功能的海堤转变为多元化的滨

横沥岛尖生态堤模型

水生态景观系统，破解"堤防围城"的局限，实现生态海堤兼具防护与景观价值的设计目标。通过这一转变，不仅提升了防洪能力，还为区域提供了新的滨水活动空间，增强了城市的生态服务功能。

退堤策略是该生态堤岸的重要设计原则。横沥岛尖现状堤防以直立式结构为主。退堤设计通过将堤顶线向陆域方向后移，其本质是还地于河，既可增加横沥水道的行洪纳潮空间，提升河道水流的顺畅性，维持天然河势，同时为生态景观带的打造提供空间支持。预留区域在风暴潮来临时作为防洪潮的前沿消浪区域，平时则作为居民的休闲游憩空间，提升场地的活力与可持续性。堤线的后退需结合控规要求，遵循行洪控制线、岸线规划和外围环岛市政道路边界线等约束条件，同时最大化拓展生态景观消浪区的范围，为风浪缓冲提供更大的空间。

分区防护设计将堤顶至岸线的空间划分为五个功能区，分别是潮汐生态区、亲水平台、生态景观消浪区、堤前消浪区和堤顶防洪闭合圈。设计通过 6.5～7.0m 高程的亲水消浪平台、8.5～8.7m 高程的堤前消浪区以及 9.0m 高程的堤顶防洪闭合，构建三条安全防护主线。这种"以宽度换高度"的设计原则，通过结合工程与生物消浪技术，将风浪消解在堤前，从而降低堤防闭合圈的高度，实现了全岛 200 年一遇的防洪潮标准，保障了全岛的水利安全。同时，该设计优化了城市地面的竖向标高，使整个区域更加合理和宜居。

现状直立式堤岸

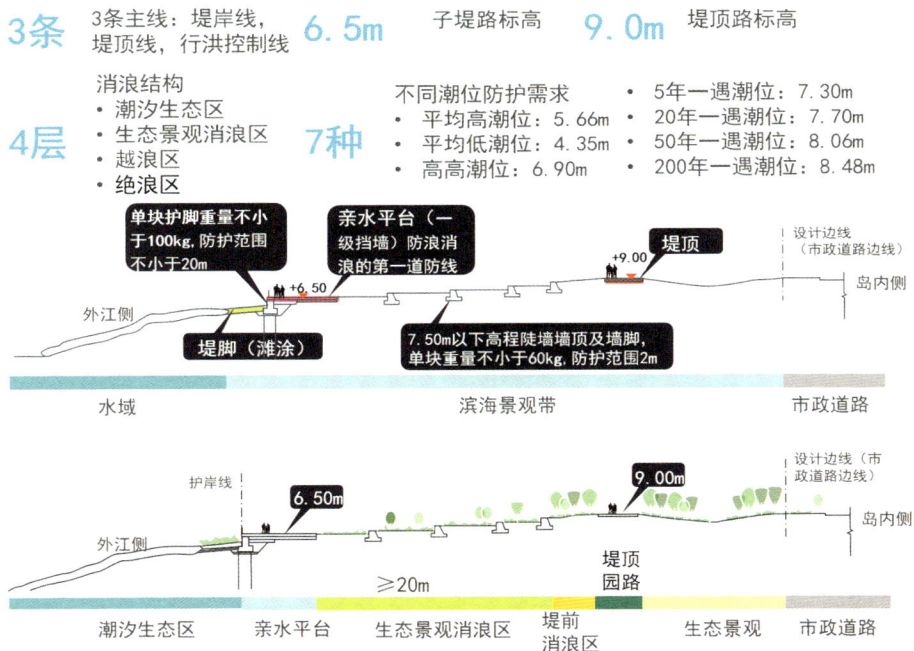

3条 3条主线：堤岸线，堤顶线，行洪控制线 **6.5m** 子堤路标高 **9.0m** 堤顶路标高

消浪结构

4层
• 潮汐生态区
• 生态景观消浪区
• 越浪区
• 绝浪区

7种 不同潮位防护需求
• 平均高潮位：5.66m
• 平均低潮位：4.35m
• 高高潮位：6.90m

• 5年一遇潮位：7.30m
• 20年一遇潮位：7.70m
• 50年一遇潮位：8.06m
• 200年一遇潮位：8.48m

横沥岛尖生态堤构成及主要设计指标

（三）动态适应与弹性防护

1.生态防护措施

横沥岛尖的生态防护措施依托综合的防护设计策略，聚焦生态功能与结构稳定性的结合。根据历次台风对堤岸破坏经验的总结，堤岸迎水坡全断面存在浪流冲刷的可能性，表层绿化和铺装的冲刷尤为严重。为了防止台风浪潮破坏堤身结

2018 年台风"山竹"过境时某岸线破坏现场照片

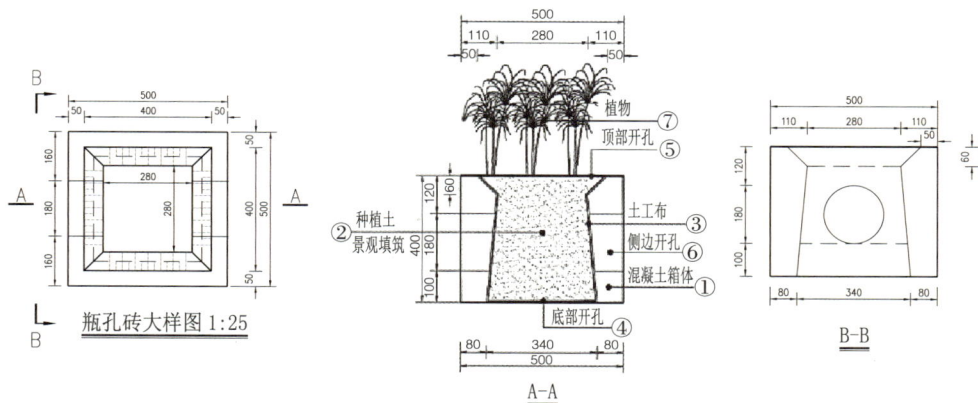

新型箱体式潮汐生态区防护结构

构，同时又不影响本身的绿化种植和景观效果，通过对潮汐生态区的详细分析，针对其多为海岸滩涂区的敏感生态特点，设计采用新型箱体式防护结构。这种结构本身具有一定的重量，且相邻块体直接结构相互锁定，重点防护区的景观铺装厚度严格控制在 200～250mm，形成稳固的护面，以应对极端条件下的侵蚀和破坏；其内部设有孔洞，为植物提供生长空间；在外部增强固土效果，不仅能有效抵御风浪冲击，还可促进生态环境的修复。

上述箱体用在堤脚区域时，不仅能起到防冲刷作用，还可通过多孔隙构造为水生生物创造栖息环境，同时有效减缓潮汐对堤岸的侵蚀，提升结构耐久性。堤岸的植被设计延续了生态分层理念，从水生植物逐步过渡到乔木，形成丰富的垂直生态梯度，为区域的生物多样性提供支持。

2. 景观消浪措施

景观消浪措施以多级平台和复合消浪系统为核心，通过构建生态、功能与景观的复合区域，将防护功能与视觉体验有机融合。消浪系统包括亲水平台、生态

新型箱体式潮汐生态区防护结构吊装及种植完成

新型箱体式潮汐生态区防护结构生态种植一年后效果（高潮位、无养护）

景观区和堤前消浪区等功能模块，既可在平时提供活动与观赏的空间，又能在洪潮时期作为有效的防浪屏障。

生态景观区融入红树林和滩涂设计，形成具有多层次生态功能的区域。结合工程和生物消浪技术，该区域能够在风暴潮来临时吸收并减弱浪能，同时保留丰富的自然景观，使场地在防护与休闲功能之间实现平衡。此外，生态植物的引入强化了场地的韧性，通过湿地系统与植被的结合，在减能与净化方面进一步提升场地的综合表现。

3. 桥闸合建

桥闸合建措施强调基础设施功能与景观设计的深度融合，优化传统水工设施的美观性与实用性。横沥岛尖设置多处桥闸设施，采用卧式翻板闸门设计，平时闸门隐匿于闸室内部，整体景观和谐美观；在需要挡潮时则发挥双向挡水功能。泵站部分采用潜水轴流泵设计，大幅度减少传统高耸结构对景观的破坏，使设施更具亲和力。

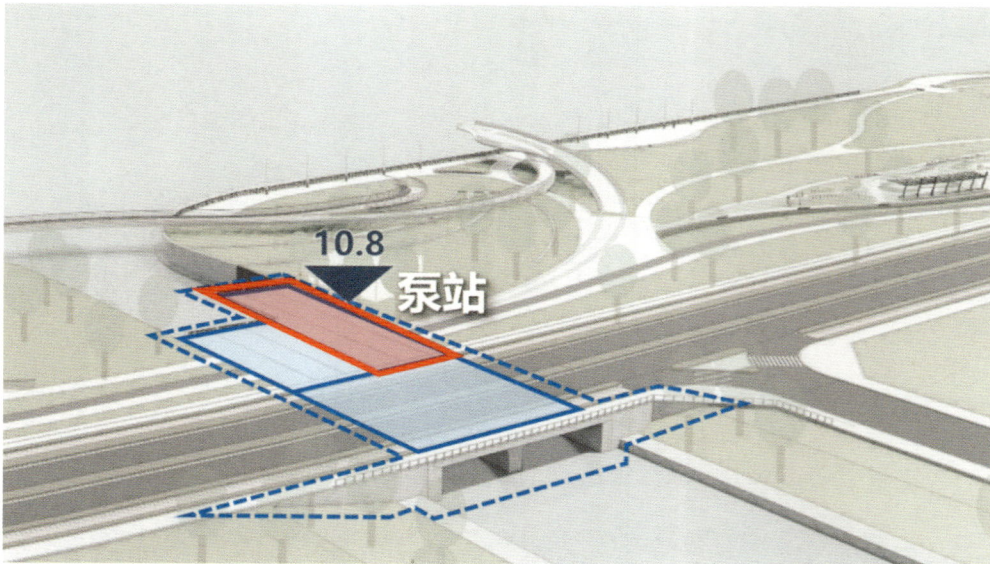

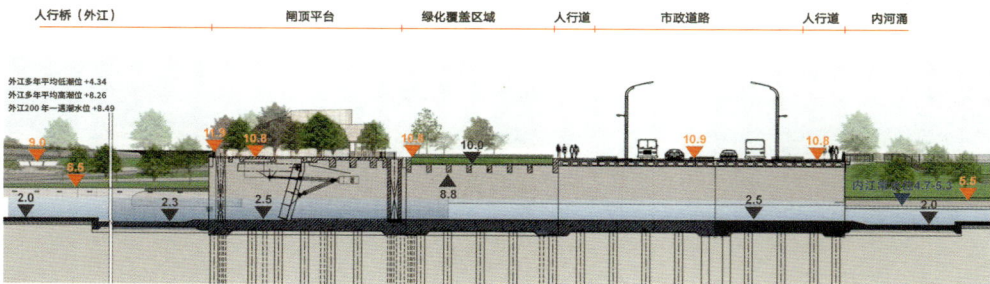

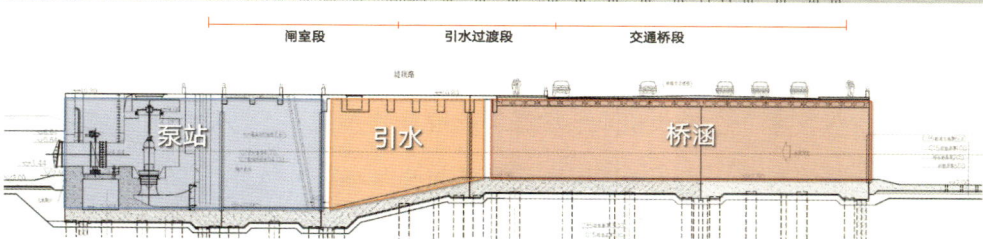

桥闸（泵）合建方案示意图（单位：m）

此外，桥闸管理房的设计注重公共空间属性，提供多功能的灰空间，作为市民日常活动的场所。设施顶部结合步道与观景台设计，使得原本封闭的基础设施成为市民休憩与观光的交互场地。这种景观与功能的融合设计突破了传统水利设施的单一使用模式，让桥闸成为公共生活与生态治理的纽带。

不同桥闸景观效果对比（左：常规合建方式；右：本项目合建方式）

二、生态基底的整合重构

（一）多元生态岸线——外江

横沥岛尖在外江与内河涌之间，通过构建多样化的生态驳岸体系，打造了功能复合的水陆过渡带。这一设计不仅增强了区域的水生态环境保护能力，还为生物多样性提供了多样的生境支持。驳岸设计遵循"生态优先、韧性提升"的原则，结合场地特性和生态需求，强化岸线的综合功能与景观价值。

外江生态岸线以防护功能与生态修复的深度融合为目标，成为横沥岛尖重要的外沿屏障。在抵御风暴潮和洪潮的同时，外江岸线通过生态植被和滩涂湿地的修复设计，构建了兼具生态性和观赏性的滨水空间。其综合规划不仅提升了区域的生态服务功能，还通过亲水设施设计为居民和游客创造了独特的滨水体验。

生态功能分区：外江岸线根据功能需求划分为生态缓冲区、亲水活动区和景观消浪区。在生态缓冲区，滩涂保护与植被修复相结合，构建分层植被带，为鸟类、鱼类和两栖动物提供栖息场所；亲水活动区通过步道与平台设置，在 $6.5 \sim 6.8m$ 的标高范围内营造开放空间，为居民提供亲近自然的活动场所；景观消浪区则结合堤脚护脚与植被设计，减缓风浪冲击的同时，提升岸线的景观吸引力。

生境优化：外江岸线通过滩涂湿地修复与分层植被设计，显著提升生境条件。植被由耐盐碱的红树林和芦苇向乔灌木逐层过渡，构建完整的生态梯度，为多种生物提供适宜的栖息环境。在堤前消浪区，设置护脚结构与浅水区域，不仅形成了连续的鱼类洄游通道，还丰富了水下栖息地，进一步增强了区域的生物多样性。

多样岸线类型：外江岸线结合生态与工程需求，设计多种驳岸类型，以实现

灌木丛高约 50cm，自由
式局部点缀可选芦苇、风
车草、花叶芦竹等

常水位 0.000

堆砌碎石浅滩

灌木丛高于 30cm，较密集
可选：香蒲、灯芯草、石菖蒲等

水深
10~23cm

水深 0.6m

生态木桩

水深
2.5~7.5cm

裸地设计：固定浮雕
材质：底泥、牡蛎等软壳动物碎渣

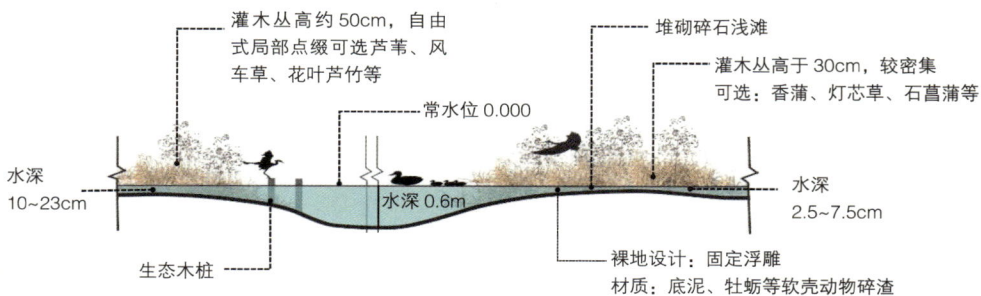

典型生境营造剖面（上：红树林湿地；下：湿地剖面）

伴鸟共生的生态设计

功能与景观的平衡。直墙式驳岸和挑台驳岸适用于风浪强烈的区域，具有显著的消浪效果；坡式驳岸如防护型草坡驳岸、自然入水驳岸和台阶驳岸，则在滩涂区域展现了更强的亲水性与生态适应性。通过合理分布这些类型，外江岸线在保障防洪安全的同时，实现了生态修复与景观提升的双重目标。

外江驳岸设计

驳岸类型	适用范围	设计断面	备注
直墙驳岸	适用于河滩地较窄或腹地较窄或风浪较大区域，起到消浪、稳定岸线等作用，最大程度增加生态堤腹地宽度，保证堤防安全，同时提供较大的景观营造空间		
挑台驳岸	主要目的是丰富直墙驳岸线，赋予直墙驳岸岸线变化，提高视觉观赏性		配合直墙驳岸使用
防护型草坡入水驳岸	适用于南北岸生态湿地区，采用新型箱体式潮汐生态区结构(已获得国家实用新型专利权)进行防护，满足水安全同时，可提供水生植物种植空间，满足湿地生境要求		
自然入水式驳岸	适用于南北岸生态湿地地区内湾风浪较小区域，利用现有良好基底条件，进行生态湿地打造		

续表

驳岸类型	适用范围	设计断面	备注
台阶驳岸	丰富岸线变化，增强各驳岸型式亲水性，提升景观效果		配合其他驳岸型式使用
抛整石驳岸	适用河滩地较宽区域并满足所在地块功能需求。可自适应岸坡变形，维护岸线稳定，并为潮汐区水生动物提供生存空间		
抛石驳岸	适用河滩地较宽区域。可自适应岸坡变形、维护岸线稳定，并为潮汐区水生动物提供生存空间		

（二）多元生态岸线——内河涌

内河涌的岸线设计注重生态功能与社区活力空间的有机结合。作为横沥岛内部水系的重要组成部分，内河涌不仅为多种生物提供了丰富的栖息地，还通过布局多功能的滨水开放空间，增强了场地的社区价值和使用体验。

生态功能分区：根据不同区域的功能需求，内河涌岸线被划分为活力岸线、生态岸线和休闲岸线三种类型。在生态岸线，设计了浅滩与小水湾等生境结构，为鱼类和两栖动物提供适宜的栖息条件；在活力岸线和休闲岸线，通过设置亲水平台和步道系统，进一步拉近人与水环境的联系，打造更加宜人的滨水空间。

生境优化：内河涌通过优化驳岸空间设计，为鱼类和其他水生生物提供多样化的生境，包括浅水滩涂和深潭区域，以保障鱼类的栖息与产卵条件。同时，设置连续的鱼类游道与生物廊道，增强水体生态连通性，维护物种间的交流和生态平衡。

在场地腹地较宽的地方，打造蜿蜒河岸线，通过湿地岛屿营造、水生植物修复打造鱼类栖息环境，利用栈道形式构建对湿地生境低影响的园路设施，拉近人和自然的距离。湿地中设置生态栈道，步道穿插于落羽杉中，步道旁设置科普展览牌，满足游人认知、科普的需求。

结合海绵生态技术，将市政雨水引入湿塘中，提供科普体验的场所。自然的生态湿塘驳岸设计体现生态宜居的水岸打造目标，结合蛙类鱼类栖息营造、湿地科普的场地设计，打造融市民休闲与生态功能为一体的复合性生态节点，与地铁枢纽广场共同打造艺术生态的 TOD 枢纽门户形象。

多样岸线类型：内河涌的驳岸设计以柔性结构为主，结合生态与景观需求灵活应用多种类型。其中，草坡入水驳岸和自然式台阶驳岸注重亲水性与生态修复，松木桩植物岛驳岸则在水生植被修复中展现了独特优势。这些设计形式不仅满足了水工功能需求，还为内河涌岸线增添了生态景观的多样性。

鱼类栖息地

生态湿塘

内河涌生态驳岸类型

类别	营造要点	图片示意	
草坡入水驳岸	路面草坡入水，具有一定的抗冲刷侵蚀能力，能够较好地过滤地表径流，有利于水陆生态系统的能量流通		
		类型一：路面草坡入水	
	挑台驳岸，可提高驳岸亲水性，丰富岸线变化，赋予驳岸功能		
		类型二：挑台驳岸	

续表

类别	营造要点	图片示意
松木桩植物岛驳岸	松木桩围合的植物槽中种植丰富的滨水植物，可以形成具有雨水净化功能的造型绿岛，提高滨水景观层次感	
生态鱼巢码头驳岸	在岸壁外侧砌成箱型种植槽，底部箱壁开设透孔，结合石笼形成生态人工鱼巢，上半部分种植水生植物，保障码头驳岸停泊功能同时，可以为花草、鱼虾等水生动植物繁衍提供空间，增强驳岸生态性	
梯形种植槽驳岸	梯形种植槽驳岸具有一定强度，可以为花草、鱼虾等水生动植物繁衍提供空间，有利于打造水岸带植物群落，维护食物链结构，增强滨水岸线的自我净化能力，有利于亲水活动的开展	
生态鱼巢台阶驳岸	台阶驳岸随水位变化时淹时露，为城市滨水空间动植物提供多样化的滨水生境。生态鱼巢砖为鱼类提供庇护所、产卵场，有利于水陆间的物质交换，提供一定的水体净化能力	

（三）多尺度海绵系统

明珠湾作为具有代表性的滨海河口片区，在已有规划建设中提出并实践了"大海绵＋小海绵"的建设理念。横沥岛尖的海绵系统设计结合规划用地布局，进一步引入"中尺度海绵"，构建涵盖多层级、多功能的雨洪管控策略。通过"大－中－小"海绵系统的协同运作，区域的雨水管理更加全面，整体水生态体系更加完善。

大海绵：充分利用明珠湾"五水汇湾"和河涌密布这一独特的"海绵基底"特征，结合良好的生态本底，通过高效截污处理、生态河湖与湿地建设、潮汐水流调节等综合措施，实现区域水安全和水生态的保障。在防洪排涝方面，区域通过生态堤建设、河涌水位联控、雨水调蓄工程以及城市竖向优化，规划形成"自排＋调蓄＋强排"的排涝体系。该体系可有效应对极端天气，极大提升城市的安全性与韧性。

中海绵：作为"大海绵＋小海绵"体系的有力补充，中尺度海绵通过连贯成条的绿地布局，如线型绿廊和湿地走廊等，构建中尺度的景观湿地系统。这些绿地不仅作为调蓄空间，提供类似于大海绵的雨水滞蓄功能，还能在局部实现雨水净化和截污功能，与小海绵相辅相成。线型绿廊作为中尺度海绵的典型形式，连接片区内多个雨水管理节点，通过绿化带中的渗透绿地、雨水湿地、下凹式草坪等，对雨水进行过程中的净化和削减，并有效减少城市硬化地表对水文循环的影响。中尺度海绵的引入，不仅增加了系统的调蓄容积，还为片区生态廊道的建设提供了重要的生态和景观支持，增强了雨水管理的整体效能。

小海绵：聚焦各项目地块的雨水管理，强调点状雨水设施的布置与优化，作为整个海绵体系的"末端单元"。通过在地块内实施小尺度海绵设施，例如透水铺装、下凹式绿地、雨水湿地、湿塘等工程措施，强化雨水的渗透、调蓄和净化能力。小海绵设施结合景观设计，全面提升片区的雨水资源利用率，为雨洪管理的细节处理提供有力支持。小海绵以点带面推动片区整体的海绵理念落地，片区最终实现了年径流总量控制率大于70%、年径流污染物控制率大于50%、雨水资源利用率达3%的目标。

通过"大－中－小"海绵系统的协同构建，明珠湾片区实现了从"源头减排——过程控制——系统治理"的全链条雨水管控模式，全面贯彻海绵城市理念。中尺

方案措施系统原理示意图

初期雨水收集塘
湿地水体净化后末端收集塘
连通管涵及水流方向
现状凤凰大道排水点

排水流程说明：

STEP01：市政道路雨水排入初期雨水收集塘，流量缓冲，收集与沉淀

STEP02：初期雨水收集塘与湿地沉淀塘连通，实现进一步容量提升

STEP03：超出一定水位标高后过量水体通过溢流口排入连通管涵至水道

STEP04：湿地沉淀塘内水体经过 24 小时初步沉淀净化后排入湿地净化段进一步生态净化

STEP05：水质标准达到规范要求后，水体由湿地净化段排入湿地收集段

STEP06：湿地收集段水体设置取水设施，实现绿化喷灌再利用

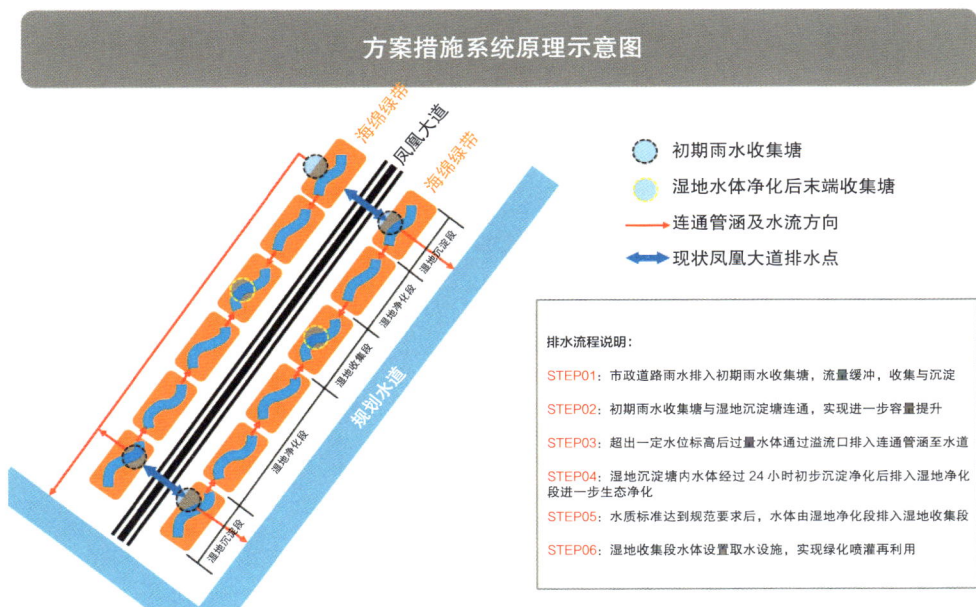

凤凰大道线性绿廊与水道连接形成调蓄空间

凤凰大道线性绿廊调蓄效果（左：小雨后；右：暴雨后）

度海绵的引入，既弥补了大小海绵之间的功能空缺，又提升了整体雨水管理系统的完整性与效率，为滨海城市的雨洪管理提供了参考。

（四）微气候调节与风廊道

横沥岛尖的微气候调节与风廊道设计充分利用自然风向和绿地布局，优化区域内的通风环境，减缓热岛效应。结合区域风环境与热岛风险的分析，设计通过连贯的绿地系统和风廊布局，引导夏季东南风向场地内部输送凉爽空气，形成多层次的城市通风体系，同时营造舒适宜人的生态环境。

　　风廊道布局：风廊道的规划基于外江与内涌之间开放绿地的通风潜力，通过设置低矮植被和开放空间，引导空气流动，缓解城市热岛效应。项目的风环境分析表明，夏季盛行东南风下，场地内部分建筑密度较高区域风速较低，形成了明显的热岛区，主要集中在凤凰大道与中轴涌交汇处的东西两侧、北部的科创商务组团及南部的金融总部组团。结合风环境、热岛分布以及绿地系统的潜在冷源识别，确定沿中轴涌、三多涌和义沙涌为主要通风廊道，通过廊道自江面向城市组团输风散热。

　　在广场、公园等休憩空间的设计上，结合风向打造景观多层次绿化，软硬质搭配形成多道引风廊。在街道交会处的街头广场或绿地设计上，尽量以疏朗的设计为主，以便于不同风向气流的疏导集散，避免栽植茂密的树阵形成涡流区。

　　冷源调节：通过绿地和水体的合理布局，强化区域的降温效果。在广场、公园与屋顶绿化等开敞空间内，利用乔灌结合的多层绿化设计，实现树冠遮阳与植物蒸腾降温的复合作用。小型绿地注重草坪与水体结合设计，增强局部冷源功能的同时保持通风顺畅。街道绿化采用高大乔木与灌木结合方式，既提供遮阳功能，又避免对行人通风区的阻碍。屋顶绿化与垂直绿化的应用，可进一步拓展城市绿化空间，有效缓解建筑密集区的热岛效应。

　　通风网络构建：通过三多涌、义沙涌和长沙涌三条南北向主要通风廊道与中轴涌东西向绿色风廊的布局，形成贯穿全岛的通风网络系统。次级通风廊道沿线

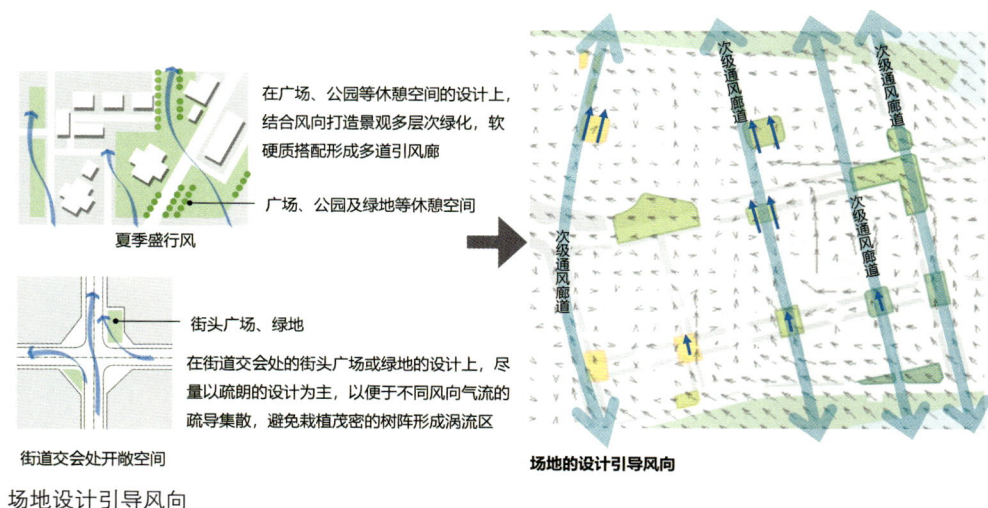

场地设计引导风向

性绿廊与主廊道垂直布置，结合透风、引风功能的街道设计，优化区域空气循环。在风廊道系统中，绿地斑块作为冷源节点，不仅可通过植物降温效果进一步改善局部微气候，还可有效减缓城市热岛效应。

通过综合利用风廊与冷源调节策略，横沥岛尖构建了贯穿全岛的通风网络体系，在改善城市微气候、缓解热岛效应的同时，为城市组团的环境舒适度提升提供了有力支持。这一网络化的风廊系统将自然通风与生态景观深度结合，为未来滨水城市的气候适应性设计提供了可行途径。

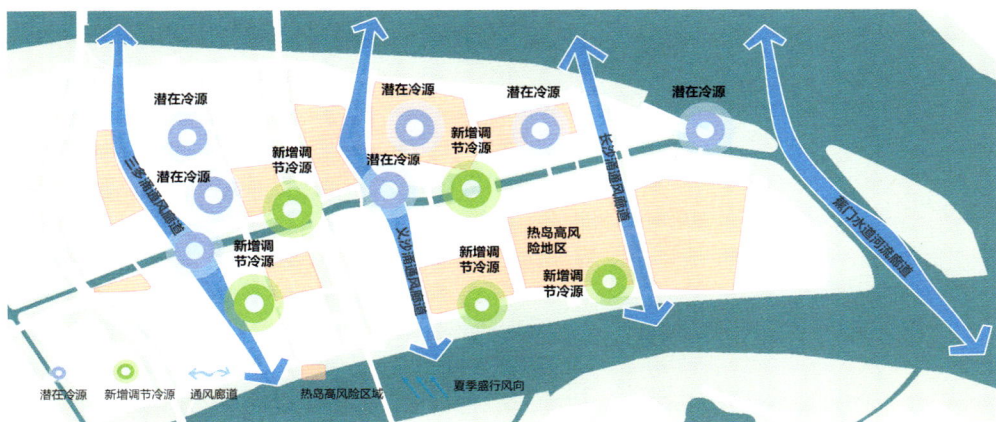

新增调节冷源

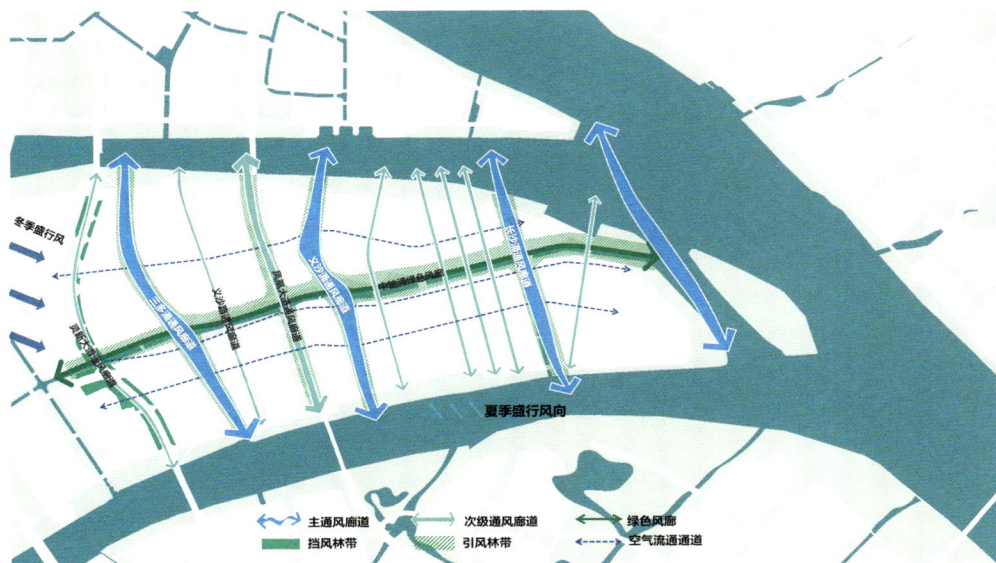

全岛风廊系统

第三节　生态内核塑造

生态内核的塑造是横沥岛尖生态景观规划的核心任务，旨在保护与恢复区域独特的自然生态系统，增强生物多样性，并将生态功能与人文价值深度融合。通过重点打造鸟类与蛙类栖息地、串联多样化生境和生态廊道，以及优化湿地与河道系统，场地形成了功能复合、动态适应的生态网络。这一生态内核不仅为区域生物提供了稳定的栖息环境，也为公众创造了亲近自然、参与保护的多元体验空间，展现了自然与城市共生的创新模式。

一、核心生态斑块的结构化营建

生态斑块是横沥岛尖生态规划的重要单元，其核心目标在于保护区域特有的生物资源，同时通过优化生态廊道与栖息地结构，增强场地的生态系统稳定性与韧性。鸟类与蛙类的核心栖息地构建，是场地生物多样性保护与生态教育功能的重点所在。

（一）鸟类栖息地

鸟类栖息地设计基于横沥岛候鸟迁徙路线的研究成果，优化生态斑块配置、强化连通性并引入动态管理策略，为候鸟与本地鸟类营造多样化的生存条件。例如，通过引入红树林与芦苇构建潮间带湿地，不仅提供了天然觅食场所，还形成了稳定的生态屏障。在外江区域，以红树林与芦苇等耐盐植物为主体构建潮间带湿地，为水鸟和迁徙鸟类提供天然屏障和觅食场所。同时，滩涂区域被修复为多层次植被带，结合浅滩和高度优化的岛屿，形成多样的生境空间，为鸟类栖息与活动提供丰富选择。

江心洲是鸟类栖息地设计的核心节点之一。作为区域内重要的生态斑块，江心洲的设计结合保护、修复与生态教育功能，分为严格保护类、限制开发类和优化利用类三种区域。严格保护类区域主要集中在红树林湿地区与潮间带修复区，通过植物群落优化和水位动态调控，为鹭类及其他水鸟提供优质觅食和繁殖环境。限制开发类区域通过适度介入，新增观鸟廊架、生态步道和滨水休憩平台，使市民能够近距离感受自然，同时减少对鸟类栖息环境的干扰。

外江滩涂区域特别注重生态连通性，增设小型鱼类产卵地和鸟类觅食点，强化区域内外生态系统的互动功能。动态水位管理则以小白鹭为指示物种，候鸟季

（11月至次年4月）水位降低至常水位以下0.4m，露出更多浅滩；非候鸟季（5月至10月）水位升高至常水位以上0.5m，以抑制杂草生长并优化生境条件。在该区域，采取植物遮挡、生态板遮挡、观鸟屋等方式，保持人类活动的低干扰，为动物活动提供适宜的环境。

生态岛（上：鸟瞰；下：湿地生境）

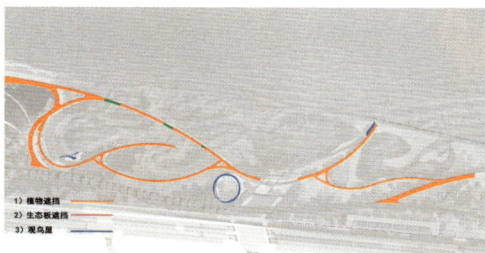

湿地遮蔽设计

湿地水湾鸟瞰图

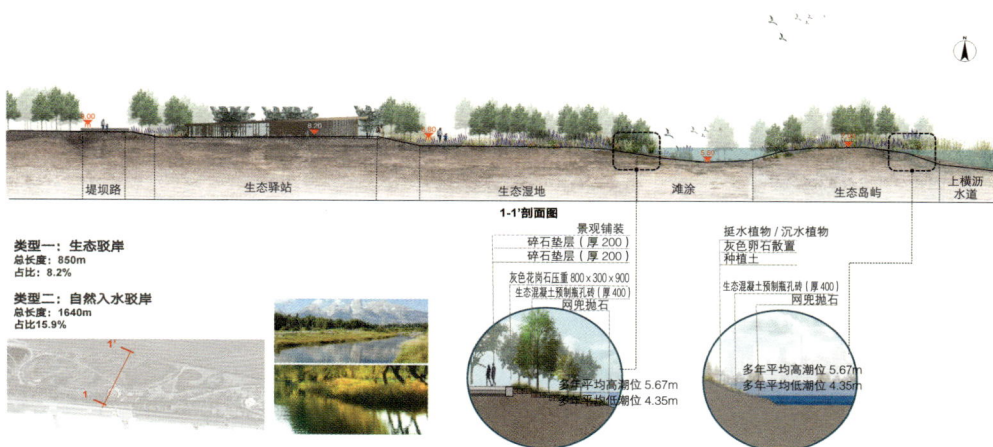

湿地典型剖面

（二）蛙类栖息地

蛙类栖息地规划集中在内涌及湿地区域，结合场地水文特性和植被分布，营造了适宜两栖动物繁殖、活动的生态环境。菖蒲、莲花等挺水植物的布置为蛙类提供了遮蔽与食物来源，并结合湿地浅水区和缓冲区的分区设置，满足蛙类不同生命周期的栖息需求。

蛙鸣湿地是蛙类栖息地设计的亮点，在规划要素导控的基础上，通过引入生态步道、观察亭和听音廊架，将生态保护与公众教育相结合。湿地分区明确浅水区与过渡区功能，同时优化栖息地边界条件，提升湿地生境的生态服务功能。通过动植物互动展示和动态科普教育，蛙类栖息地为公众提供了亲近自然的机会，进一步强化了场地生态教育功能。

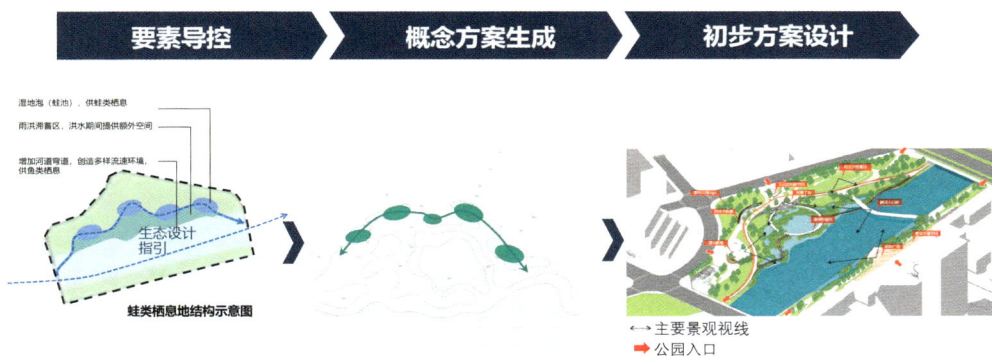

蛙鸣湿地综合设计历程

湿地之环科普体验效果图

　　通过针对性的水系设计、植物种植，打造 800m² 适合蛙类栖息的蛙池。种植挺水植物、浮水植物、沉水植物形成鱼类、蛙类的繁殖区与觅食区，种植茂密植被林地与丛状草地，形成理想的冬眠和觅食区。

蛙池编号	水位	池深/m	池面积/m²
1	4.7	0	0
	5.3	0.6	48.04
2	4.7	0.7	22.65
	5.3	1.3	189.43
3	4.7	0.2	40.07
	5.3	0.3	189.43
4	4.7	0	0
	5.3	0.3	248.80

蛙池编号	水位	池深/m	池面积/m²
5	4.7	0.2	31.05
	5.3	0.8	248.8
6	4.7	0.8	75.53
	5.3	1.4	241.73
7	4.7	0.2	42.02
	5.3	0.8	90.88

植物类型	湿生草滩	生态草泽	复合水生植物	水净化展示植物	道路景观林带	疏林草地	生态边缘缀植物
乔灌木			柽柳、木槿、秋茄树		大叶榕、白玉兰、樟树、阴香、红花紫荆、大红花、米仔兰、灰莉	樟树、榕树、红榄木、金叶假连翘	尖叶杜英、大叶榕、樟树
地被植物						台湾草、大叶油草	龙船花、假连翘、栀子花
水生植物	空心莲子草、玉带草、眼子菜、人尖槐叶萍	荆子菀、灯芯草、蜈蚣草、鸭趾草、狗牙根、苔草、薹草	喜盐鸢尾、黑三棱、花菖蒲	金鱼藻、水葱、慈姑、睡莲、花叶芦竹、黄菖蒲、香蒲、鸢尾、千屈菜			芦苇、泽泻、灯芯草

蛙鸣湿地栖息地详细设计（上：水系设计；下：植物设计）

二、多样生境与廊道的复合串联

多样化生境与连通廊道的设计是构建横沥岛尖生态网络的核心手段。结合区域自然条件与生态需求，湿地、陆生植物群落和生态廊道的综合布局，强化场地的生态系统连通性，同时提升生物栖息与迁徙的多样性。

（一）湿地生境

湿地系统是雨洪调节与生物栖息的重要基础。在外江区域，湿地设计结合潮汐动态变化，通过红树林和香蒲等耐水植物构建多层次植被群落，形成滩涂生态区，为鱼类、鸟类和两栖动物提供优越的栖息条件。滩涂部分采用"最小干预"策略，优化地形与保留现有植被，为区域生态稳定性提供重要支持。

南岸湿地是湿地生境的典型代表，其设计结合雨水调节和生物栖息功能，利用高差逐级消解潮水，通过分区规划和弹性设计，与洪水共存。场地内部分区域被定为周期性淹没区，通过设置生态护坡、草丛植被和枯木草石，为两栖动物提供栖息地，同时利用树岛和观景平台满足鸟类觅食和市民休憩的需求。湿地的核心区域配备步道系统、科普展示和滨水活动设施，增强市民的生态教育体验。

（二）陆生植物群落生境

陆生植物群落设计注重构建场地的垂直生态结构，通过乔灌草结合的方式，增强生物多样性与生态系统的稳定性，同时凸显岭南地域特色与文化认同感。在滨水绿廊和社区绿地中，广泛种植龙眼、荔枝和木棉等岭南特色果树，这些果树

魅力湿地功能分析

湿地步道

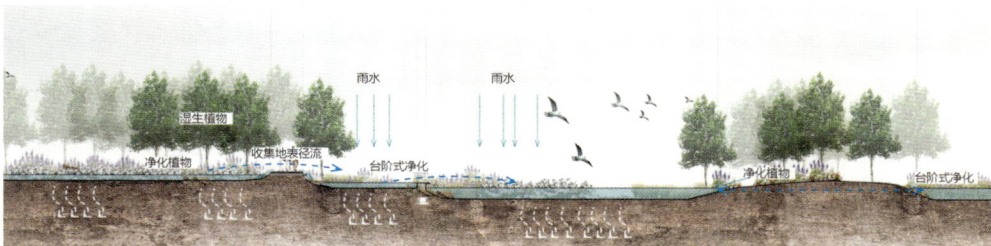

魅力湿地典型剖面

不仅为鸟类、昆虫等提供丰富的食物来源，还展现了区域的文化特质，提升了居民的归属感。

步道沿线分布蜜源植物如紫花槐、刺桐等，为蜜蜂、蝴蝶等传粉昆虫提供了优质生境。植物配置通过乔木、灌木和草本植物的多层次组合，形成垂直结构的生态系统：乔木为场地提供遮阴和降温功能，灌木为昆虫和小型鸟类创造栖息条件，草本植物则通过固土与雨水渗透提升生态调节能力。在生态节点与公园入口处，以耐旱、耐涝植物为主，既可降低维护成本，又可增强场地环境适应能力。

（三）生态廊道

生态廊道设计是连接横沥岛尖内外生态系统的关键手段，通过整合河涌、绿地和滨水空间，构建贯通全岛的生态网络。一级生态廊道以中轴涌为核心，宽度达 50m 以上，连接中部湿地公园与东部江心洲，形成场地的生物迁徙主轴；二级生态廊道沿三多涌、义沙涌和长沙涌布局，宽度介于 25 ~ 35m，通过多节点绿地串联，为场地生物提供多元的迁徙路径。

生态廊道的布局注重生境多样性和功能节点的整合。在中轴涌沿岸，通过植被配置红树林、香蒲等耐水植物，结合浅滩和深潭设计，创造多孔隙生物廊道及鱼类产卵地，形成完整的鱼类生存生境，创造最佳鱼游水深 0.5 ~ 0.8m，构建多样化的鱼类和鸟类栖息地。在三多涌和义沙涌沿岸，设置小型生态岛、滩涂湿地和水生植物区，提升廊道异质性，满足不同生物的栖息与迁徙需求。蜿蜒岸线的设计通过小水湾与曲折滩涂的结合，进一步丰富场地的生态系统功能。

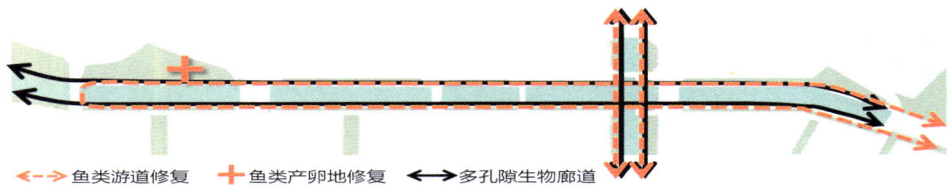

鱼类迁徙廊道

生态驳岸示意图

第四节 景观空间营建

横沥岛尖的景观空间设计通过功能分区的优化、生态廊道的系统化布局以及重点节点的多维塑造，将生态价值、文化特色与公共服务功能深度结合。设计在注重生态保护的同时，着力打造多样化的活动场所，使场地成为生态与城市生活和谐共生的典范；在满足生态保护需求的同时，注重创造多样化的活动场所，形成复合生态廊道的标志性空间体系。通过生态与城市功能的深度结合，场地不仅提升了居民的生活质量，还成为生态文明与现代城市和谐发展的实践样板。

一、自然舒适的环境

（一）气候适应性的设计

横沥岛尖位于亚热带季风气候区，日照强烈，雨水充沛。景观设计充分考虑区域气候特征，从遮荫、防晒、避雨和降温等方面，提出了一系列针对性的设计策略，以提高场地的舒适度和适应能力。

首先，针对日晒时间长的问题，场地内广泛种植了高大乔木如榕树、凤凰木和大叶榄仁等，形成了连续的树冠覆盖带。滨水步道和城市绿地中通过设置分布式遮阳廊架和绿篱，提供丰富的遮荫空间，缓解高温对居民活动的影响。此外，亲水区域引入红树林和芦苇群落，通过植被的自然蒸腾作用，提升局部降温效果，形成"自然空调"。

其次，为应对降雨频繁且强度大的气候特点，场地设计了多功能雨水管理系统，将防雨与景观功能相结合。例如，在步道交会处和休闲广场区域设置了具有防雨功能的亭廊，不仅为市民提供避雨场所，还通过与雨水花园的结合，有效减缓雨水径流压力。雨水花园和下凹式绿地的设计，不仅能收集和处理雨水，还能

不同类型的绿化种植

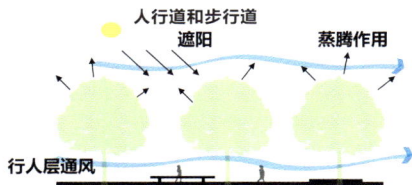

通过土壤和植被净化水体，同时降低局部环境温度。

针对亚热带夏季高温问题，景观设计特别注重水体与绿地的协同作用，通过结合水景设施如人工湿地、凉亭与喷水装置，进一步提升场地的微气候调节能力。滨水区域的多层植被从水生植物逐步过渡到乔木的分层布局，不仅可增强生态功能，还可通过植物的遮阴与蒸腾作用，大幅降低地表温度。

总体来说，横沥岛尖的气候适应性设计在遮阴、防晒、避雨与降温方面均体现了对区域气候条件的细致考量。无论是滨水区域的步道系统，还是社区绿地的多功能空间，都为市民提供了自然、舒适的活动场所，同时增强了场地的气候韧性与生态适应能力。

（二）都市中的自然显露

横沥岛尖的景观设计通过显露自然的手法，将隐藏于日常生活中的自然过程重新展现在人们眼前，使居民与自然建立更深层次的情感连接。这一设计理念不仅满足了生态功能需求，也增强了公众对自然过程的理解和关怀。

在滨水区域，设计充分利用现有的河涌和滩涂资源，通过动态水景和滩涂

潮汐花园
（上：高潮位；下：低潮位）

湿地展示潮汐的涨落与水位的变化，让人们直观感受到自然的动态过程。例如，滩涂区结合潮汐变化构建多层次植被群落，使市民能够观察到水生植物随潮水变化的生长与枯荣。观景平台与步道的设计则引导居民驻足于水边，欣赏自然界中生物的栖息与互动：在潮汐花园，低潮位时期，可露出较多的滩涂，形成自然的湿地泡，打造草长莺飞的自然生态景观。游人可进行滩涂踏步、抓虾摸鱼等生态活动。高潮位时，水位上涨，亲水步道可形成跨水栈道，行人行走于栈道之上，可聆听水波撞击石滩的声音。

江心洲区域的景观设计将生态功能与教育功能相结合，展现了"自然显露"的核心理念。场地内设有观鸟台与动态湿地展示区，通过强调鸟类栖息地与水生生态系统的关系，让市民更直观地了解候鸟的迁徙规律和生态环境的重要性。此外，通过动态水位管理和浅滩的设置，居民可以观察到自然水文的复杂性以及人类活动对生态环境的影响。

雨水导流与收集系统的设计同样是自然显露的具体实践。场地内的雨水花园和下沉式绿地不仅承担了雨洪调节的功能，还以视觉化的方式展示了雨水从汇集、渗透到净化的全过程。尤其是在雨季时，水流从步道旁的小型导流渠汇入雨水湿地，形成了一种独特的城市景观。这种设计突出了雨水作为生态资源的价值，使居民对雨水的利用与循环有了更深的认识。除此之外，风、光等元素也被应用于景观设计中，形成了丰富多元的自然互动景观。

内河涌与自然互动的景观类型

互动类别	营造要点	景观节点	节点效果
聆听自然	通过通风廊道构建，可在通风廊道内设置风动景观节点，运用风能营造多功能景观 自然生灵的叫声，如鸟鸣、蛙声 自然流水的声音	蛙鸣湿地 运河中心 中央公园 风铃长廊	

互动类别	营造要点	景观节点	节点效果
看见的风	利用墙体高差设计系列风动景墙，加强河风拂岸的自然效果，形成有趣的中轴涌风动景观特色可在通风廊道内设置风动景观节点，运用风能营造多功能景观	庆典草坪观水长廊	
光之艺术	捕捉变幻的光、城市的影：灯光装置的应用	"涟漪"追光平台望水驿站	
季节的调色板	植物季相花林滨水植物带花园	迷宫花园花舟埠头	

通过这些显露自然的设计策略，横沥岛尖不仅为市民提供了与自然互动的机会，还唤起了对生态系统运行和可持续发展的关注。这种设计方法正如生态美学理论所主张的：让自然过程变得可见、可感知，并引导人们重新思考人与自然的关系。在这一过程中，景观设计不只是服务于形式和功能，更在文化和情感层面搭建了人与自然之间的桥梁。

二、活力多元的空间

活力多元空间的设计强调生态、文化与城市功能的深度融合。通过碧道贯通系统、生态廊道布局以及丰富的公共活动场所塑造，实现生态与城市生活的交互，为市民提供多元化的体验场景。

（一）碧道贯通，慢行连城

横沥岛尖的碧道系统依托丰富的滨水资源与绿廊网络，贯穿场地主要生态和功能节点，形成兼容步行与骑行的慢行交通体系。

路径设计的贯通性：碧道连接中轴涌、三多涌、义沙涌等主要河涌，通过绿道与生态廊道的交错布局，实现内部与外部生态功能区的无缝衔接。沿线碧道在宽度与材质上适配不同活动需求，采用防滑透水铺装，兼顾安全与环保。

景观体验的延展性：通过合理的高差设计与植被配置，步道在沿河区域与内涌绿廊之间形成层次分明的景观体验，从滨水活动空间到绿廊慢行区均有多样化的活动选择。

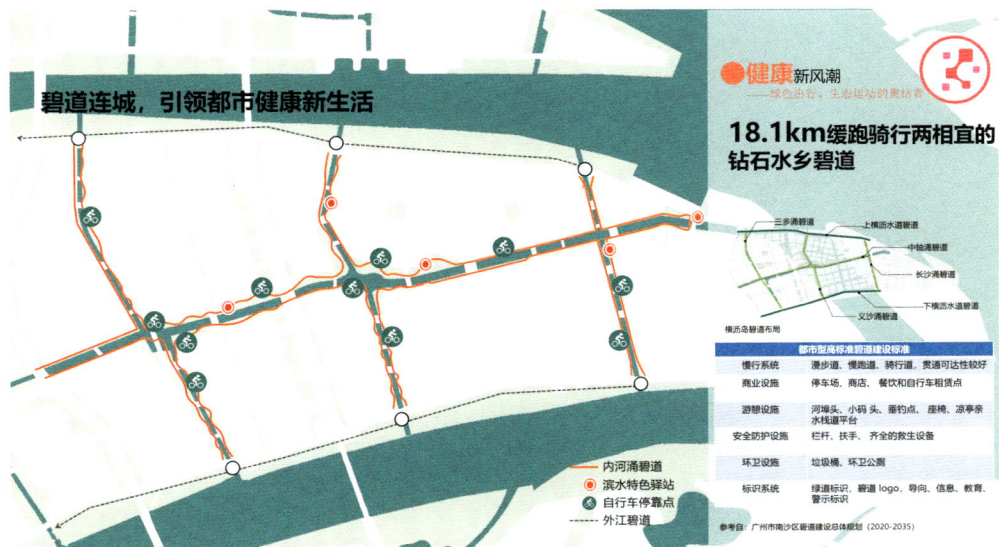

内河涌碧道连城路线

慢行空间设置（上：绿地与市政道路衔接；下：典型慢行道设置）

层次分明的慢行体验（上：外江滨水飞廊；下：内河涌滨水看台）

（二）人城共栖，活力融城

人城共栖的理念贯穿整个横沥岛尖的空间设计，通过融合自然、文化与活动场景，展现区域的生机与开放。

多样化的滨水活动：依托河涌及滨水空间，设置如"龙舟广场""滨水舞台"等节点，为龙舟竞渡、音乐节和市集等活动提供场地，提升场地的活力与吸引力。

生态与生活的融合：绿地与社区空间结合，打造开放式滨水绿地公园，通过设置如亲子互动区和老年活动廊等功能区，让不同年龄段的居民在自然环境中享受日常生活。覆绿的自然教室提供自然博物展示，可开展自然模型展示、湿地净水教育、红树林复育等知识科普，随自然博物馆之形伸出观景挑台，提供360°观景视角，同时围合处可提供艺术装置及举办户外活动的生态广场。1米菜园作为社区共治的抓手、自然教育的平台，成为共享天伦之乐的乐园，让城市孩子身边有自然，让都市有田园，让城市人也可以体验耕种的快乐，让孩子在耕种中增长知识，分享成长。

中轴涌都市活力岸线（上：鸟瞰；下：多功能草坪）

外江生态生活融合设计（上：自然教室；下：1米菜园）

中央公园庆典草坪（左：日景；右：夜景）

节庆与公共活动策划：以滨水空间为核心，策划区域性活动，如生态教育展览、草坪电影和户外瑜伽课程，促进社区互动与文化传播。

（三）功能复合，人文趣城

功能复合与人文趣城是活力空间设计的亮点，以多样化的场地布局满足多层次人群需求，同时凸显岭南特色的文化内涵。

综合服务节点：在主要人流汇聚区设置功能复合的生态驿站，包括补给站、科普展示与互动娱乐设施，为居民与游客提供全方位服务。内河涌驿站空间上打造多维视觉感受，上层观景，下层通行，遮阴空间重拾社交活动。作为场地一级服务驿站，驿站具有便民服务、售卖休息室、卫生间、母婴室等功能。

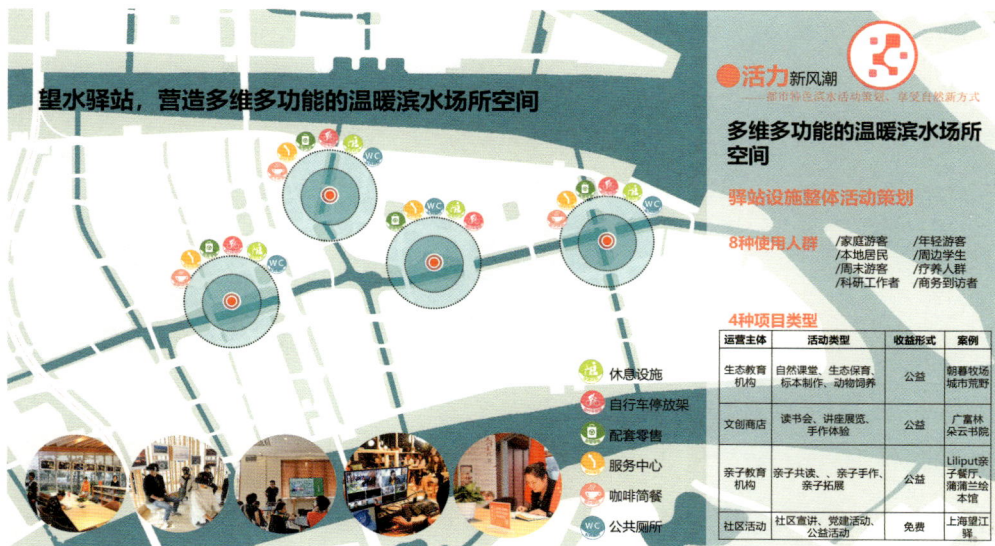

温情驿站布点

内河涌驿站设计

生态多体验场景（左：湿地观蝶；右：生态游憩乐园）

文化艺术表达：场地设计注重文化与艺术的融入，如在主要滨水节点布置岭南传统元素与现代艺术结合的装置，既展现文化记忆，又形成区域特色的景观符号。

多感官场地体验：景观设计通过结合多层次植被、动态水景与互动装置，打造视觉、听觉与触觉相交融的场景。例如，亲水平台结合波纹水岸设计，提供独特的水声体验，雨水花园的景观变换展示了水文生态的动态过程。

通过碧道的贯通串联、活力空间的多维构建和功能复合的场地设计，横沥岛尖呈现了一幅人与自然和谐共生、生态与文化高度融合的景观图景，成为滨水城市的生态设计典范。

三、精细美观的品质

（一）艺术化创作

横沥岛尖的景观设计通过艺术元素的融入，将场地独特的生态与文化内涵转化为视觉体验和互动空间，以增强场地的辨识度和吸引力。设计中强调艺术性与功能性的结合，从场地特色提取灵感，塑造具有地方记忆与现代美感的景观艺术空间。

1. 生态艺术的融入

景观设计以生态元素为创作灵感，将自然过程与场地特征转化为艺术表现形式。例如，在滨水廊道，设计以水生生物为主题的雕塑群，模仿鱼群游动的姿态，通过水中的倒影和动态光影效果，使雕塑成为场地的生态符号。在雨水花园区域，通过曲线型的步道与波纹状水渠设计，隐喻雨水的流动过程，并以不同颜色和质感的材料呈现水量变化对场地的影响，让市民直观感受到生态系统的动态过程。

融合生态艺术的设计（上：外江遮阴廊架；下：内河涌滨水广场）

2. 动态互动的艺术装置

场地中的艺术装置注重互动性与动态展示。例如，在广场和步道沿线，设置太阳能驱动的动态装置，模仿风与水流的自然运动，为市民提供直观体验自然能量转换的机会。在儿童活动区域，融入自然科普的艺术装置，例如带有声音和灯光效果的生态观测亭，使儿童能够通过视觉、听觉与触觉多维互动了解场地的生态知识。

3. 夜景艺术的塑造

夜间艺术氛围的打造通过光影设计实现。重点节点如桥下空间、生态步道和观景平台，结合灯光布置强调场地的空间层次感。例如，滨水区域通过水面投射灯展现出波纹图案，与植被和步道构成动态画面。在廊架与雕塑装置上，融入渐变色灯光设计，使其在夜间焕发艺术魅力，同时提升场地的安全性和观赏性。

通过生态与文化元素的提炼和艺术创作，横沥岛尖不仅成为一个功能完善的公共空间，更成为一个激发人们探索自然与文化联系的艺术场所。这种艺术化的

夜景与灯光互动（上：水幕剧场；下：无人机灯光表演）

景观设计使得场地在满足使用需求的同时，进一步增强了区域的文化辨识度与生态美学价值。

（二）景观细节打磨

横沥岛尖景观设计在细节处理上，注重从视野开拓、材质选择、搭配组合到尺度控制的全面考量，以提升场地的整体品质和市民的体验感。

1. 视野的开拓与引导

场地设计通过视线控制与景观构筑物的巧妙布置，创造层次分明的视野效果。

疗愈花海观景视角设计

在滨水区域，利用台地高差设置观景平台，将开阔的外江景观与江心洲的自然景色融为一体，形成标志性的观景点。在廊桥和步道的转折处，通过植被疏密与建筑遮掩的结合，形成"框景"和"借景"的视觉效果，引导市民探索场地深处的景观节点。同时，在缓坡草坪和庆典广场区域，设计开放式的活动视域，使场地与周边城市景观相互交融，增强场地的吸引力。外江疗愈花海节点以地形起伏的花田，通过流线组织出高点俯视、身在其中、豁然开朗的多重体验，用看、听、嗅、尝、触五感去拥抱自然，疗愈身心。

2. 材质的选择与应用

材质的选择强调环保性与地方文化的结合，体现景观的生态性和文化内涵。铺装材料多采用透水砖、原木和本地石材，不仅具有良好的雨水渗透功能，还可提升景观的质感。例如，在亲水平台和步道区域，选用防滑木材与耐候性金属结合，既保证了安全性，又通过材质的纹理与色调增强了视觉吸引力。

3. 搭配的精细与和谐

在景观元素的搭配上，注重软硬质景观的协调。植物配置结合本地气候与生态条件，采用层次分明的植被搭配：草本植物如金边草和地被菊形成低矮的地面覆盖，灌木如刺桐和紫花槐提供中层景观层次，乔木如龙眼和木棉则构成高层遮

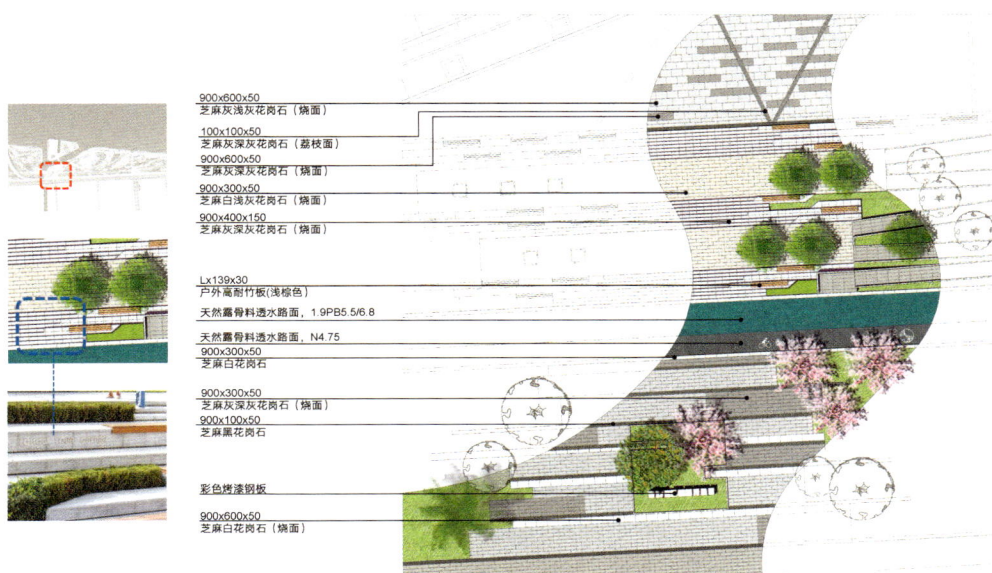

900x600x50
芝麻灰浅灰花岗石（烧面）
100x100x50
芝麻灰深灰花岗石（荔枝面）
900x600x50
芝麻灰深花岗石（烧面）
900x300x50
芝麻白浅灰花岗石（烧面）
900x400x150
芝麻灰深花岗石（烧面）

Lx139x30
户外竹耐竹板(浅棕色)
天然露骨料透水路面，1.9PB5.5/6.8
天然露骨料透水路面，N4.75
900x300x50
芝麻白花岗石
900x300x50
芝麻灰深花岗石（烧面）
900x100x50
芝麻黑花岗石

彩色烤漆钢板
900x600x50
芝麻白花岗石（烧面）

材质选择与应用——以外江社区乐园为例

阴结构。同时，植被的季相变化与花期交替营造了丰富的视觉变化，形成了一年四季皆有特色的景观场景。在广场和步道沿线，景观构筑物的材料、形态与植被搭配相得益彰，如在遮阳亭和廊架设计中融入藤蔓植物，进一步增强自然氛围。

4. 尺度的精确控制

尺度控制贯穿于景观空间设计的全过程，力求每一处空间都具有适宜的使用与观赏效果。对于大型公共空间，如庆典广场和开放草坪，设计以宏大的尺度与简洁的布局为主，满足人群集聚和大规模活动的需求；而在亲水步道和雨水花园等区域，尺度的设计则更为精细，注重单人或小型群体的互动体验。例如，亲水平台的台阶高度保持在20～30cm之间，既便于市民坐靠，也符合无障碍设计要求。此外，在廊道与生态节点交会处，结合自然高差设计小型观景台，控制其面积与人流容量，提供亲密却不局促的互动空间。

横沥岛尖的人文景观设计立足于区域历史与岭南文化，结合工业遗存的活化与文化表达的创新，为场地注入了鲜明的地方特色与可持续的文化活力。这一设计从岭南文化传承到工业记忆转化，层层递进，构建了人与自然、历史与现代交融的文化景观。设计秉承历史与现代融合的理念，以丰富多样的文化空间和活动形式，将人文价值深度融入生态与功能体系，为公众营造了一个既能沉浸式体验文化魅力又可促进社区互动的复合场所。

一、岭南文化的传承创新

横沥岛尖景观设计将岭南文化的传承与创新作为核心策略，通过提炼地域性文化元素和构建现代化文化表达，呈现出深厚的文化底蕴与现代活力。设计从本土植物选种、文化符号融入和非物质文化传承三个方面展开，既保留了岭南传统特色，又结合现代设计语言，实现了文化表达的延续与创新。

（一）本土植物的科学选种

设计以岭南特色植物为基础，结合场地生态特点，选取了榕树和凤凰木等本土乔灌木。这些植物不仅具有强适应性和美观性，还承载着岭南人文记忆。例如，龙眼树下设置了传统岭南文化故事展示牌，为居民提供历史与自然交织的感知体验。植物配置上注重四季变化与植物季相，通过科学选种和组合，营造色彩鲜明、层次丰富的绿化景观带，凸显岭南文化特有的自然景观特色。

（二）岭南元素的景观表达

岭南文化中的传统建筑和水乡元素在景观设计中得到了现代演绎。例如，在滨水长廊设计中，采用岭南"廊桥"的设计理念，通过上下两层的风雨连廊，实现不同视角的观景功能。步道铺装提取岭南青砖图案，融入现代材质，使传统文化与现代景观和谐共生。同时，廊、桥、埠等岭南经典水乡元素被重新定义，如滨水埠头被改造成休闲观光平台，为游客提供集水上集市、休憩和观景于一身的多功能空间。

摩登岭南水岸生活场景类型

经典元素	现代演绎方式	景观节点	节点效果
廊	立体的滨水游廊空间—— 水廊作为适应岭南湿热多雨气候的传统的代表性构筑物，依水而建，凌水而行，创新性利用廊的上下两层设计来契合现状临水大高差地势，形成多角度观水的风雨连廊，复合的观景、休憩、展示空间	观水长廊	
台	岭南水文化生活舞台—— 传统戏台是用于粤剧演出的建筑，新时代的生活理念不再拘泥于小小的戏台空间，表演和观演都可以有更灵活的方式。于是希望利用大草坪空间、桥底空间、水上空间形成庆典草坪、水岸小剧场、船上咸水歌表演等多功能开放空间，打开水岸文化、娱乐生活新方式	庆典草坪	
埠	水上活动的客厅—— 埠头是古代货运商贸的码头，见证了水上运输的繁荣历史。中轴涌水埠设计将为之注入新活力，不仅为水上游线提供驿站，也是水上集市体验空间及水上表演的观演台	花舟埠头	
桥	桥都水城名片—— 横沥水网交织，未来将建成 7 座闸桥、28 座市政车行桥，形成横沥城市一大特色。传统的桥梁以通行功能为主，现代桥梁则扮演着连接城市活动、促进人群交流的功能，承担着城市体验、区域文化展示的介质角色。在桥梁总师的桥梁景观设计指导基础上，于桥河涌交汇节点上增加绿野云桥、聚芯之环两座人行桥，激活生态、商业两个水岸中心，形成桥梁服务半径不大于 300m 的便捷滨水慢行系统，一桥一景的水上艺术序列律动桥梁景观形成了横沥岭南桥都水城印象	绿野云桥 聚芯之环	
街	特色活力街区—— 理想的城市街区，没有红线与围墙，内与外、私密与公共区域空间边界模糊、贯通，让市民能真正参与城市空间	岭南水街 康养水街 公园	

续表

经典元素	现代演绎方式	景观节点	节点效果
窗花	城市形象、人文风情展示之窗—— 不只是室内外，通风的窗口装饰、设计提取窗花纹样，打破小窗户的边界，结合现代艺术及材料工艺，形成序列的文化水岸城市形象、人文风情展示之窗	观水长廊	

（三）非物质文化的活动呈现

非物质文化遗产在场地设计中通过活动策划与空间构建得以传承和活化。设计策划了以龙舟赛、岭南舞狮和咸水歌为主题的系列节庆活动，将中轴涌沿线的公共广场打造为展示岭南文化的舞台。例如，广场上增设了"水上舞台"，以船型结构承载龙舟表演和歌舞活动，同时配备互动式投影装置，将岭南文化的起源和演变生动呈现给公众。通过文化活动与现代科技的结合，营造一个既具有传统韵味又贴合现代审美的文化体验空间。游船码头位于中轴涌南侧，为两岸商住组团提供便利的水陆交通条件。码头节点结合龙舟游活动的观看需求，设计波浪形廊架作为龙舟看台设施，定期举办龙舟活动，带动南侧商业水岸文化生活的活力氛围。

龙舟看台效果图

二、工业遗存的活化利用

工业遗存作为横沥岛尖历史的重要见证，在景观设计中通过空间的再利用和功能的重新定义，赋予旧工业设施新的文化与生态价值。设计以粤进船厂、兴华船厂以及油罐厂为核心，通过创新手法将工业遗产转化为城市文化与社区互动的重要节点。

（一）船厂区域的功能转型

粤进船厂作为区域工业历史的代表，已有 30 余年的历史。随着横沥岛尖的片区开发，该厂需要整体搬迁。根据总师在规划阶段的指引，在改造过程中保留部分析架结构与旧厂房轮廓，通过融入光影互动装置和水景喷泉，赋予场地鲜明的夜景特色。场地内部以船舶建造为主题，设置艺术展览馆和互动体验区，展示横沥岛尖的工业文化发展历程。通过增加滨水休憩平台和观景步道，居民可以在体验工业遗存的同时，与周边自然景观互动，形成文化与自然相结合的公共空间。

兴华船厂则以社区需求为导向，改造为多功能社区广场。在设计中通过船型雕塑和互动装置，展示岭南造船工艺的历史演变，成为亲子教育与文化活动的重要场所。广场还引入了海绵城市的生态设计理念，通过透水铺装、雨水收集与绿化设施，改善场地生态功能，使文化表达与生态设计有机结合。

粤进船厂现状及总师规划指引

保留要素及建议

建议保留元素

A. 船厂厂房   B. 船台   C.龙门架   D. 货运码头

策略与措施

- 保留并加固厂房框架，有机会置换为舞台、展览等半室外大尺度非永久空间
- 保留船台的长宽尺度，有机会置换为核心的聚集性、展示性场所，结合声光电设施作为文化性地标
- 保留龙门架，或设置同尺度大型构筑物，作为工业文化地标。龙门架涉及船厂搬迁计划，因此建议弹性策略
- 保留货运码头结构，外观根据具体活动策划进行深化设计，景观材料保持工业风格
- 一些具有突出特征的设施、零件、工具可以选取保留，作为未来景观元素应用

参考案例

- 上海滨江民生码头
- 上海徐汇滨江船厂

粤进船厂设计（左：桁架空间改造意向；右：龙门吊 – 船台戏水空间）

需要说明的是，船厂改造利用设计有其特殊性：一是需要与原有企业做好对接，明确保留意愿；二是必须确保改造方案安全可行，要进行必要的结构安全鉴定。在给出初步意向图后，后续项目将借鉴上海等地的先进做法，结合船厂的具体征拆过程，对设计方案进行动态调整和优化。

（二）油脂厂的艺术化再利用

横沥油脂厂兴建于 20 世纪 90 年代初期，码头曾是广东省内最大的内河油脂专用码头。根据总师在规划阶段的指引，拟保留部分油罐并进行改造，转型为开放式的文化艺术公园。在后续沟通过程中，经与油脂厂家沟通，除了油罐以外，码头结构也将一并保留利用。

建议保留元素
A. 油罐

策略与措施
· 保留部分油罐建筑，结合IFF金融板块置换文化艺术功能
· 应考虑油罐与背景山体的视觉呼应与廊道关系

参考案例
· 上海徐汇滨江油罐艺术中心

油罐厂现状及总师规划指引

横沥油脂厂设计（左：码头改造方案；右：油罐改造方案）

设计以"水岸剧场活汇生息"作为愿景，定位为人文横沥新锚点、工业水岸新生活，通过滨江带价值的重构（文化价值、场地价值、经济价值三大重构），让旧合兴油脂码头"活"起来。

通过船厂、油罐厂等工业遗存的活化利用，横沥岛尖在传承工业记忆的同时，创造了丰富的文化和生态功能，展现了历史保护与现代设计融合的可能性。

三、都市魅力的持续激活

横沥岛尖的文化景观设计不仅关注历史与文化的保护与表达，还注重通过动态的运营机制和多样化活动策划，实现场地的长期活力与可持续性发展。设计将节庆活动与智慧运营相结合，打造了一系列既满足市民日常需求又富有吸引力的公共文化空间。

（一）多样化的活动策划

设计根据不同区域的特色与功能策划了多样化的文化活动。例如，在油罐厂文化公园内，策划了周末市集、草坪音乐节等活动，这些活动以年轻人群为核心，既满足他们的社交需求，也强化区域的文化氛围。在粤进船厂，则以光影秀、工业文化主题展览为特色，吸引艺术爱好者与游客，为区域带来更高的文化参与度。通过季节性主题活动，如春节灯会、龙舟赛及夏季水上音乐节，设计进一步加强了场地的文化辨识度，使场地在不同时间段都能够焕发活力。

此外，设计还引入了市民互动的创意工作坊，例如环保艺术手作与岭南非遗体验活动，通过增强公众的参与感，让场地不仅成为文化消费的场所，也成为文化创作与教育的重要平台。

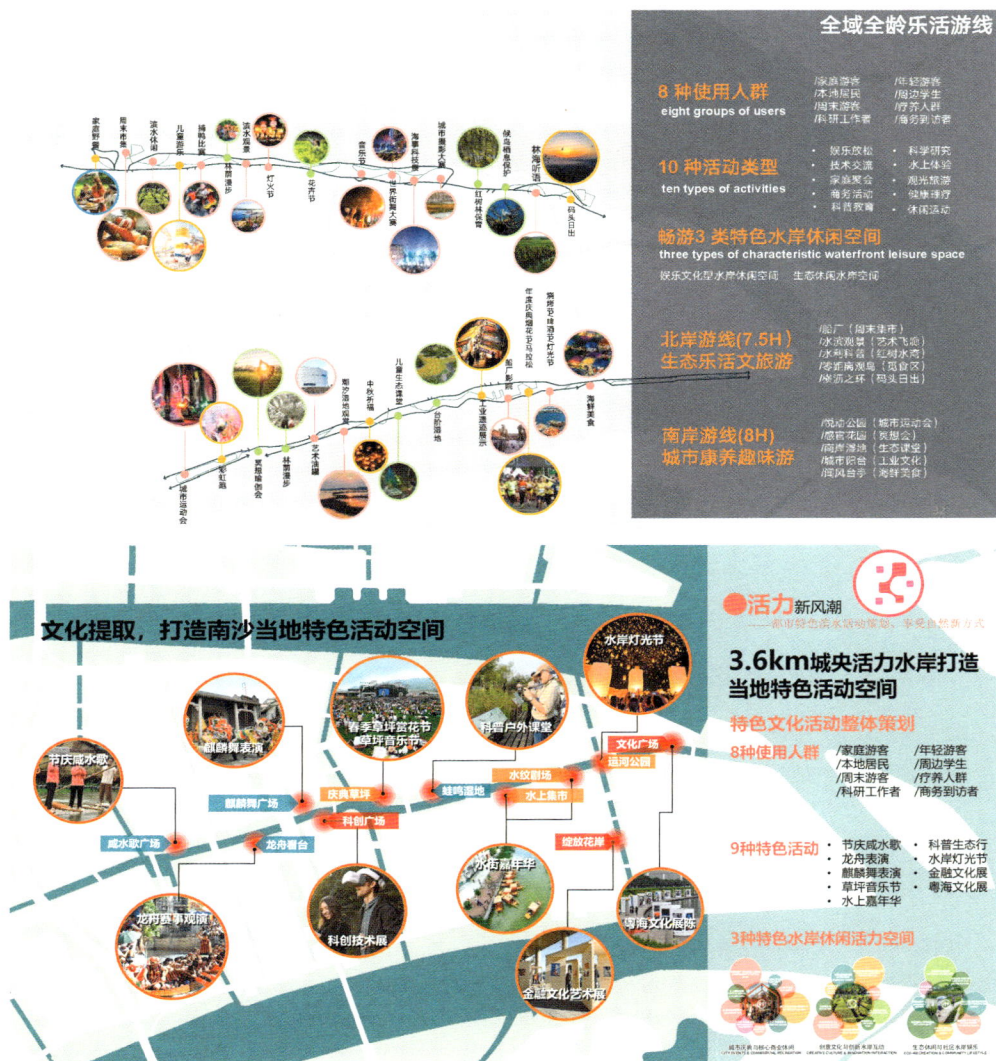

活动策划
（上：外江区域；下：内河涌区域）

（二）智慧管理的引入

为了保障场地的长期运营与高效管理，设计引入了智慧化管理系统，实现了全方位的场地运营监测与服务优化。智能平台为游客提供活动预告、场地导航与文化展示等服务，同时也记录游客的偏好与反馈，为后续活动策划提供数据支持。在粤进船厂与油罐厂区，智能设施不仅监控了步道、广场等公共设施的状态，还通过数据收集优化了场地的功能分布与维护策略。

此外，智慧管理还体现在资源的循环利用与生态保护方面。例如，通过雨水收集与智能灌溉系统，实现场地的水资源高效管理；通过智慧能源控制平台，降低活动与设施的碳排放。这些措施进一步提升了场地的可持续性，体现了生态与文化共存的设计理念。

通过多样化的活动策划与智慧化的持续运营，横沥岛尖的人文景观成功实现了文化与生态的双重融合。这一设计不仅丰富了场地的文化体验，也为未来城市公共文化空间的创新提供了示范样本。

四、小结

横沥岛尖的景观规划与设计充分体现了生态景观总师制度的统筹作用。从"韧性、生态、景观、人文"四个维度展开的设计思路，表面上看是独立的模块，但在实际的设计实施中却是在总师的全面指导下紧密协调、相辅相成。通过总师的统筹安排，场地在韧性基础构建中融入了生态功能提升的目标，在生态系统优化中结合景观表现与空间体验，而人文价值的创新表达也贯穿于整个设计过程。

下页图分别为外江与内河涌景观设计策略。其中，外江景观设计提出"以景促城、活水润城、以产聚人、文化传承、健康营城"5大策略，实现"活络水绿，浪游横沥"的总体概念；内河涌景观设计提出"自然新风潮水岸""都市新风潮水岸""文化新风潮水岸""活力新风潮水岸"4大从策略，实现"城央黄金水岸、活力水都客厅"的设计愿景。两者在整体概念及具体策略上各有特色，但其内在都是基于"韧性为基、生态为核、景观为形、人文为魂"这一核心理念，结合场地的具体特征开展综合设计。

这种以生态景观总师为核心的多维协作模式，不仅确保了设计目标的落地实施，还为城市生态景观设计开辟了一条兼具系统性与创新性的路径。本章的探讨不仅展示了横沥岛尖的具体设计成果，更为未来滨水城市的可持续发展提供了宝贵的经验。下一章将深入剖析生态景观总师制度如何通过科学的协同管理模式推动多学科团队协作，实现规划与设计的无缝衔接，并为横沥岛尖的动态优化提供长效保障。

策略一
以景促城, 耦合城市功能空间

策略二
活水润城, 打造韧性海岸系统

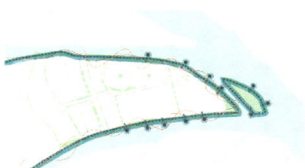

策略三
以产聚人, 丰富市民盈彩生活

策略四
文化传承, 激活本土文化记忆

策略五
健康营城, 维持场地持久生命力

5 大策略实现:

"活络水绿 浪游横沥"

外江景观综合设计策略

空间 + 品质框架

自然新风潮水岸

都市新风潮水岸

文化新风潮水岸

活力新风潮水岸

内河涌景观综合设计策略

横沥岛尖项目在生态景观总师制度的引领下，围绕规划、设计、工程实施三大核心环节，构建了具有创新性和示范意义的协同机制。本章通过对总师管理协调、项目接口管理及工程实施引导三方面的系统论述，揭示了这一协同机制如何通过高效沟通、科学工具与精细化管理，实现多团队、多阶段的深度协作。在复杂环境与动态条件下，这一机制为横沥岛尖项目提供了强有力的管理支撑，成功推动了设计目标与工程实施的有机衔接，同时为未来类似项目的统筹管理提供了有益的经验。

第一节　总师管理协调

一、总师与设计的协作

生态景观总师制度在横沥岛尖项目中，通过构建技术反馈机制，实现了设计团队与总师团队之间的高效协作。这种机制不仅保障了总师指导思想的精准传递，还在设计的动态调整过程中促进了成果的创新性深化，为复杂场地条件下的设计落地提供了科学支撑。

（一）设计的主动性与深度思考

设计团队在接收到总师提供的规划与导控成果后，首先对总师的核心理念和技术要求进行深度解读，并结合场地实际情况开展细化工作。这一过程中，设计团队发挥了主动性，通过对生态基底、空间功能和工程可行性的分析，将总师的战略性目标转化为具体设计方案。

以外江生态岸线设计为例，总师提出了"韧性为基、生态为核"的原则，明确了生态型岸线的建设目标。设计团队在此基础上，进一步细化潮间带植被的具体配置、亲水平台的高度控制，以及岸线的抗冲刷结构设计。同时，设计团队还协调水利部门与景观设计方，使得方案既满足生态功能需求，又兼顾工程安全性与场地美观性。这种多学科协作的细化过程，展现了设计团队对总师理念的深刻理解与高效执行。

（二）总师的指导与问题复盘

在技术反馈机制中，总师不仅对设计团队的工作成果进行审核，还通过阶段性复盘与分析，针对方案中出现的问题提出改进建议。例如，在中轴涌生态廊道的设计中，总师提出构建贯穿全岛的连续性绿廊作为生态核心框架。然而，设计团队在调研中发现，部分区域由于建筑密度过高，无法满足绿廊宽度需求。对此，总师团队通过复盘与调整，提出了结合立体绿化与垂直生态廊道的创新设计，既解决了空间限制问题，又实现了生态功能的连贯性。

（三）多维互动推动成果优化

设计团队与总师团队之间通过定期例会、专题研讨会和阶段性汇报等多维互动形式，形成了闭环式协作机制。这一机制不仅提高了问题解决效率，还推动了设计成果的创新优化。

例如，在滩涂湿地修复方案中，设计团队在调研中发现土壤盐碱化严重的问题，这可能对红树林等生态植被的生长造成影响。在专题研讨会上，设计团队与总师团队共同分析盐碱化的成因，并提出了三项对策：一是引入盐地碱蓬等耐盐植物，优化植被配置；二是采用动态水位调节系统，降低盐分累积；三是加强表层土壤改良技术。总师团队结合设计团队的建议，对方案进行调整与完善，使修复设计不仅符合生态功能要求，还增强了场地的适应性与稳定性。

（四）成果深化与创新性实践

技术反馈机制不仅是一个纠错与调整的过程，更是设计成果深化和创新实践的关键环节。在设计团队与总师团队的持续互动中，横沥岛尖项目的多项设计方案实现了从概念到实施的精准落地，同时也探索了具有参考价值的创新模式。例如，在滨水景观设计中，通过引入多功能生态节点和动态水体净化系统，成功构建了兼具生态保护、文化展示和公共互动功能的复合生态廊道。

通过技术反馈机制，总师团队与设计团队在项目的各个阶段保持了高效协作。这一机制不仅有效保障了设计目标的实现，还通过持续优化与创新推动了设计成果的升级，使横沥岛尖项目成为生态景观规划与实施的标杆案例。

二、总师管理工具

在横沥岛尖项目的准备、核验和咨询阶段，总师团队设计并应用了"四表一单"工具体系，以提升协同效率和设计质量。

（一）四表工具

（1）成果质量要求表：定义各阶段设计成果的质量基准，为设计单位自检与评估提供依据。

（2）设计要求表：明确设计需满足的技术内容与标准，以保障任务执行的统一性。

（3）控制等级表：划分设计任务的优先级和资源分配原则。

（4）成果检核表：核对设计成果是否符合前期规划要求，推动设计工作的规范化。

（二）正负面清单

正负面清单是一项系统性跟踪工具，记录项目中的设计问题、管理意见及咨

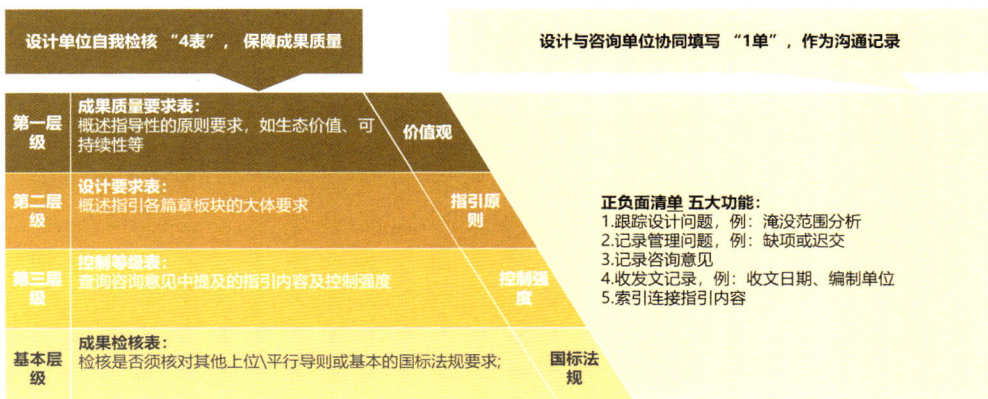

"四表一单"工具

询建议,由设计与咨询单位协同更新。该工具有效保障了问题的闭环管理,推动项目的高效实施。

通过"四表一单"工具的应用,总师制度在横沥岛尖项目中实现了信息管理的高效化和规范化。这不仅提高了团队协作效率,也为复杂项目的管理提供了创新模板。

三、内部沟通方式

沟通协调是横沥岛尖生态景观项目高效运作的重要保障。通过规范联系表与沟通方式、优化信息传递路径,总师制度保障了设计、施工及相关单位间的高效协作。

(一)联系表与沟通途径

联系表详细记录参建单位的组织信息与关键联系人,如有问题能快速反馈到具体责任人。沟通途径包括以下两类:

(1)日常沟通:正式沟通以邮件、会议形式为主,保证信息的可追溯性;非正式沟通则灵活高效,通常通过电话与即时通信工具完成。

(2)设计汇报:常规汇报以线上形式进行,聚焦进展更新;阶段性汇报通过线下会议或工作坊展开,旨在深入交流与修正设计成果。

（二）信息传递路径的规范化

为保障信息传递的准确性与效率，项目制定了以下规范：

（1）邮件标题：明确标注"横沥项目－具体事项"，以便归档与查阅。

（2）文件格式：采用 PDF 格式及可编辑源文件（如 PPT、.DWG 等），要求文件具有易读性。

（3）信息表附加：设计文件需附"基本信息表"，以便快速查阅更新内容。

通过科学的沟通机制和规范的信息管理，横沥岛尖项目显著提升了协作效率。联系表与沟通路径的优化，可为复杂项目的团队协作提供参考。

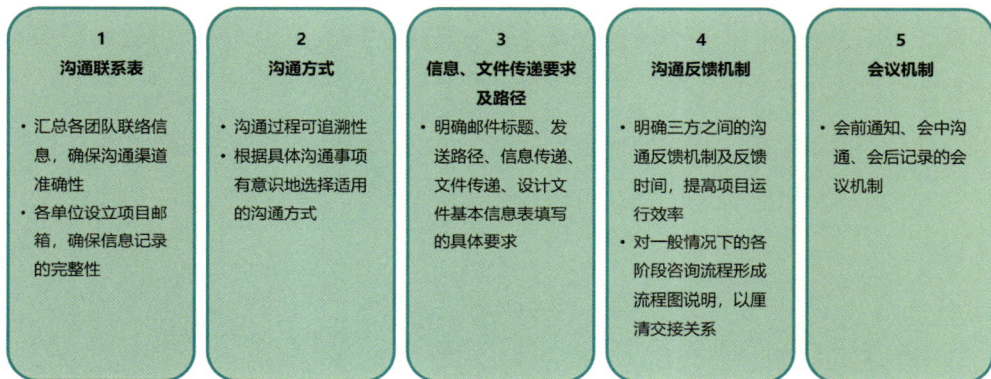

1 沟通联系表	2 沟通方式	3 信息、文件传递要求及路径	4 沟通反馈机制	5 会议机制
• 汇总各团队联络信息，确保沟通渠道准确性 • 各单位设立项目邮箱，确保信息记录的完整性	• 沟通过程可追溯性 • 根据具体沟通事项有意识地选择适用的沟通方式	• 明确邮件标题、发送路径、信息传递、文件传递、设计文件基本信息表填写的具体要求	• 明确三方之间的沟通反馈机制及反馈时间，提高项目运行效率 • 对一般情况下的各阶段咨询流程形成流程图说明，以厘清交接关系	• 会前通知、会中沟通、会后记录的会议机制

内部沟通方式

在横沥岛尖项目中，生态景观总师制度通过建立科学的协同机制，成功促进了各学科团队的紧密合作，推进了设计方案的顺利实施。然而，我们注意到，协同机制在实际操作中也面临一些挑战，特别是在不同学科间的沟通障碍和利益冲突上。尽管各专业团队在总体目标上已达成共识，但在具体实施过程中，生态学、水利工程、景观设计等领域的专业人员往往有着不同的关注重点和工作方式，这使得团队之间的协调和沟通成为项目顺利推进的关键。

沟通障碍是最常见的协同难题之一。不同学科之间的术语和工作语言差异，容易导致信息传递的误解。例如，在设计初期，生态学团队强调生物多样性保护和生态修复，而水利团队则更偏重水利设施的布局和结构安全，二者的目标可能存在冲突。在这样的背景下，如缺乏有效的沟通，项目的设计可能出现偏离生态目标或功能目标的风险。为了解决这一问题，总师团队在项目初期就推动了跨学科的工作坊和定期会议，力求每个学科的专业人员都能理解其他学科的目标和要求，从而避免沟通不畅带来的误解。

利益冲突也是协同机制中不可忽视的问题。在项目实施过程中，各学科团队往往不仅有不同的技术需求，还可能有各自的利益诉求。例如，景观设计团队可能希望通过增加开放空间和公共区域来提高项目的吸引力，但这可能与生态保护需求发生冲突，因为过多的人工干预会影响生态环境的恢复。为了协调这些利益冲突，总师团队在设计过程中采取了严格的"设计要求表"和"成果质量要求表"制度，确保各方利益在项目推进过程中得到平衡和妥善解决。

为了应对这些困难，总师制度采用了灵活的动态调整机制，使得各学科在实际操作中的需求能够得到及时反馈和调整。这种机制不仅帮助各专业团队在初期的设计阶段达成共识，还在实施过程中为解决潜在的冲突提供了必要的协商平台，确保项目能够按照既定目标稳步推进。

第二节　项目接口管理

横沥岛尖项目开发过程中，由于"边规划、边设计、边施工"的动态推进特性，边界条件的不稳定性与设计成果延续性难以保障的问题尤为突出。针对这一复杂性，总师团队通过制定并实施接口管理机制，以系统化的方式解决了多团队协作中的衔接难题，从而保障项目在动态变化条件下的高效推进和设计成果的精准落地。

一、接口管理的核心思路

接口管理的核心在于推动多专业团队的高效协同，实现各子系统在空间界面与功能协调上的一致性，从而保障工程实施的连贯性与稳定性。

在设计启动阶段，总师团队梳理了基础设施、功能配套和单元地块三大板块的 600 多个接口任务，并明确了具体的衔接原则。这一接口清单为设计单位提供了任务指引，也为后续接口问题的协调奠定了基础。

在项目推进过程中，通过项目接口沟通会建立了自上而下的管理框架，明确职责分工和协调路径，预判潜在风险并规避管理盲点。同时，设计单位针对具体接口问题提交技术反馈，总师团队综合多方意见制定解决方案，并形成存档方案，以保障接口工作的闭环管理。

二、接口管理工具的实践应用

为保障接口管理的高效执行，总师团队开发了一系列创新性管理工具。这些工具在项目推进中实现了接口管理的全流程闭环，大幅提升了工作效率。

（一）接口清单与矩阵跟踪表

（1）接口清单：初期形成的接口清单不仅明确了各项任务的衔接要求，还针对不同子项的复杂性与时效性制定了优先级排序，重点关注对近期施工有直接影响的关键接口。

（2）矩阵跟踪表：在设计阶段，矩阵跟踪表动态记录了接口的执行状态，并将其分为"已闭合"和"正在跟进"两类。设计单位需定期更新接口状态，并标注未闭合原因及计划完成时间。总师团队通过该工具，对接口的执行进度进行持续监控与分析。

1.梳理接口子项

2.细化接口衔接原则

3.接口协调及接口咨询

	空间范围		接口属性	
	横向维度+竖向维度		工程实施+景观呈现	

所有接口子项

①基础设施板块　②功能配套板块　③单元地块板块

按空间关系分级梳理　**按软硬配套分级梳理**　**按联系方式分级梳理**

工程实施　　　　景观呈现

上位规划　工程衔接　景观协调　国际认证

提出与各类接口子项的接口衔接原则

外江　　内涌　　社区公园　线性绿廊

所有接口子项及其衔接要求

①**协调原则**　②**协调路径**　③**优先协调接口建议**

接口设计　←　**接口咨询**

稳定成果

奥雅纳负责

接口分类 → 接口衔接原则 ┄┄→ 接口方案设计咨询

西南院负责内涌
上海市政院负责负责外江

接口初步设计咨询 → 接口施工图设计咨询

接口详细梳理 → 分析每个接口具体衔接事宜 → 协调、稳定接口条件 → 接口设计方案 → 接口初步设计 → 接口施工图设计 → 接口设计完成

按照物理空间位置详细梳理景观工程与周边工程项目（包括水务工程）的接口

设计院负责

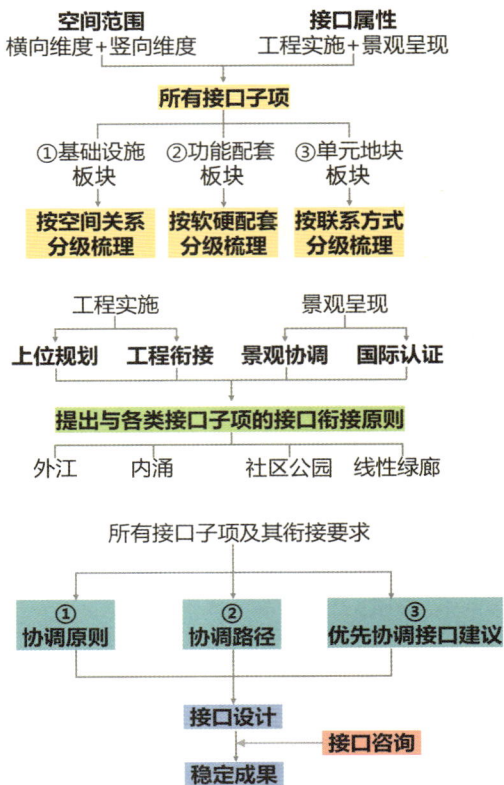

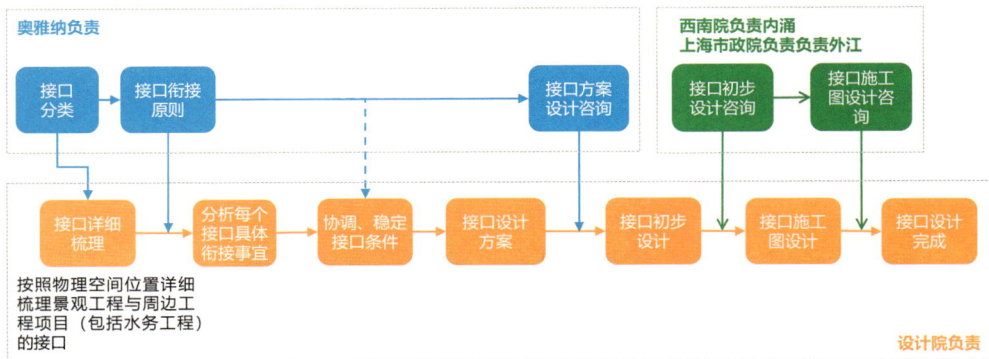

接口管理思路与工作流程

矩阵跟踪表

序号	接口编号	主项目	子项目	接口名称	主要事项	设计单位备注	西南院跟踪
—	—	水务景观（东）	—	—	—	—	—
1	C1-A-01	水务（景观）东	地下空间	明珠湾跨江隧道	水务工程与明珠湾跨江隧道暂无衔接内容	无	无
2	C1-A-02	水务（景观）东	地下空间	金融大道与长沙涌交叉的市政桥综合管廊接口	与长沙涌垂直交叉，因综合管廊要求并考虑到对桥下景观的效果问题，河涌方案初步确定为挡墙式断面，两侧采用灌注桩支护，在综合管廊处形成架空结构，工程量列入初步设计，图纸在施工图中进行细化	已对接，河涌方案初步确定为挡墙式断面，两侧采用灌注桩支护，内水驳岸挡墙结构已与地下空间做对接，标高相互衔接，驳岸位于地下空间结构顶板上方，地下空间结构设计时考虑驳岸荷载	已明确，请提供接口确认表
3	C1-A-03	水务（景观）东	地下空间	新联路与中轴涌交叉处市政桥下地下空间接口	河涌方案初步确定为挡墙式断面，两侧采用灌注桩支护，在综合管廊处形成架空结构，工程量列入初步设计，图纸在施工图中进行细化	已对接，河涌方案初步确定为挡墙式断面，两侧采用灌注桩支护，下沉广场已与地下空间进行对接，地下空间下沉广场与蓝线间留 4.5m 空间，便于进行栈道设计	
4	C1-A-04	水务（景观）东	地下空间	新北路与中轴涌交叉处市政桥下地下空间接口	河涌方案初步确定为挡墙式断面，两侧采用灌注桩支护，在综合管廊处形成架空结构，工程量列入初步设计，图纸在施工图中进行细化	已对接，河涌方案初步确定为挡墙式断面，两侧采用灌注桩支护，下沉广场已与地下空间进行对接，地下空间下沉广场与蓝线间留 4.5m 空间，便于进行栈道设计	
5	C1-A-05	水务（景观）东	地下空间	金融大道与长沙涌交叉处地下空间接口	河涌方案初步确定为挡墙式断面，两侧采用灌注桩支护，在综合管廊处形成架空结构，工程量列入初步设计，图纸在施工图中进行细化	已对接，河涌方案初步确定为挡墙式断面，两侧采用灌注桩支护，内水驳岸挡墙结构已与地下空间做对接，标高相互衔接，驳岸位于地下空间结构顶板上方，地下空间结构设计时考虑驳岸荷载	
6	C1-A-06	（水务）景观东	地下空间	新联路与中轴涌交叉处市政桥下地下空间接口	有一处地下空间出入口（含敞开楼梯间）位于中轴涌滨水景观腹地中	1. 已与上海市政院对接，明确 17 号、21 号下沉广场出地面标高与市政道路相接，18 号下沉广场出地面标高 7.8m；2. 建议 21 号下沉广场出地面构筑与蓝线距离大于 4.5m，便于满足亲水步道贯通及景观需求。最新地下空间出入口图纸标高与市政标高不符，建议地下空间与市政对接后再确认	需进一步对接地下空间最新图纸，复核接口条件是否落在图纸上
7	C1-A-07	（水务）景观东	地下空间	新北路与中轴涌交叉处市政桥下地下空间接口	有两处地下空间出入口（含敞开楼梯间）位于中轴涌滨水景观腹地中		

板块	分项		接口子项目	接口数量				备注
				外江	内河涌	社区公园	线性绿廊	
基础设施	地下部分	轨道交通	地铁区间	9	9	0	10	依据控规文件
			车站区体	1	2	0	2	依据控规文件
		车行交通	过江隧道	2	1	0	0	依据控规文件
			车行环路	0	4	2	1	依据地下空间设计文件
		人行交通	地下人行空间	0	4	2	1	依据地下空间设计文件
		市政管网	综合管廊	0	4	2	1	依据地下空间设计文件
			市政管线	9	15	8	12	依据周边道路数量
	地面部分	道路工程	道路铺装	18	23	15	36	依据控规文件
			道路绿化	18	23	15	36	同道路铺装数量
		河道工程	驳岸形式	9	3	0	0	依据控规文件
		生态工程	物种栖息地	1	1	0	0	依据景观统筹策划文件
			通风廊道	9	7	0	1	依据景观统筹策划文件
			降温斑块	0	1	2	0	依据景观统筹策划文件
			中轴涌生物迁徙廊道	10	7	0	0	依据景观统筹策划文件
			滨水岸线	2	4	0	0	依据景观统筹策划文件
		海绵设施	下凹绿地	-	-	-	-	将根据具体设计确定
			雨水花园	-	-	-	-	将根据具体设计确定
			植草沟	-	-	-	-	将根据具体设计确定
			湿塘	-	-	-	-	将根据具体设计确定
			雨水湿地	-	-	-	-	将根据具体设计确定
			生态树池	-	-	-	-	将根据具体设计确定
			渗透铺装	-	-	-	-	将根据具体设计确定
		附属设施	地铁出入口	-	-	-	-	将根据具体设计确定
			公共停车场出入口	-	0	-	0	将根据具体设计确定
			下沉广场	0	3	2	0	依据地下空间设计文件
			疏散楼梯	0	3	2	18	依据地下空间设计文件
			地下环路专用疏散车道	0	1	0	4	依据地下空间设计文件
			冷却塔	-	-	-	-	
			风井	0	3	0	29	依据地下空间设计文件
			采光井	0	1	0	0	依据地下空间设计文件
			井盖	-	-	-	-	将根据具体设计确定
			雨水篦子	-	-	-	-	将根据具体设计确定
	地上部分	轨道交通	云轨	2	7	6	9	依据控规文件
		车行交通	跨河车行桥	2	27	0	0	依据控规文件
			凤凰大道	2	1	0	1	依据控规文件
		人行交通	跨河人行桥（含自行车道）	3	24	0	0	依据控规文件
			二层连廊	0	4	3	12	依据连廊专篇成果

接口清单示例（基础设施板块）

（二）接口成果信息表

设计单位在提交各阶段成果时，需同步提交接口成果信息表，详细记录设计方案的接口状态及解决进展。总师团队根据信息表核查接口执行情况，并在必要时与相关单位进行技术对接，确保接口设计的准确性与可实施性。

接口成果信息表

设计单位	××设计单位
设计成果名称	标段名称
设计阶段	方案设计/初步设计/施工图设计
提交日期及时间（24小时制）	××××-××-××
文件版次	第×版
前版处理情况	部分作废/全部作废
接口闭合情况	1.×××接口处理方式，对应图纸图号××× 2.×××接口处理方式，对应图纸图号×××

（三）接口统筹评估报告

总师团队定期发布《接口实施统筹评估报告》，对接口工作进行总结与评估。报告内容包括已闭合接口的总结、正在跟进接口的预警，以及针对未闭合问题提出的解决方案与时间表。通过这一工具，各阶段接口的执行情况能够被全面掌控，进一步减少潜在风险。

横沥岛尖项目的接口管理机制通过科学的组织与工具应用，显著提高了多专业团队之间的协作效率，实现了设计与施工界面的顺畅衔接。在应对外界条件变化时，接口清单和矩阵跟踪表的动态跟踪功能，有效保障了设计成果的延续性与适用性。同时，定期发布的评估报告和预警措施，使项目管理能够提前识别风险并快速响应，减少施工阶段的返工和资源浪费。接口管理机制的成功实施，不仅推动了设计方案与实际工程条件的无缝对接，也为复杂项目管理提供了宝贵经验，为滨水城市的韧性发展提供了有益的参考案例。

第三节　工程实施引导

横沥岛尖项目的成功实施不仅依赖于前期的科学规划和设计，更需要在工程实施阶段，通过有效的组织与管理，确保设计意图的精准落地。为此，项目建立了从施工图设计落实、设计交底到现场巡查的全链条实施保障机制，以促成设计成果的高效转化和工程品质的全面达成。

一、施工图审核

施工图是设计成果实现的重要步骤。在前期生态景观规划、要素导控及综合设计后，设计单位完成了景观方案的设计。在施工图设计阶段，总师主要通过咨询意见的方式，对施工图进行指导与审核。咨询工作项目的推进过程细分为三个阶段：准备阶段、检核阶段和咨询阶段。

准备阶段：需由设计单位提交材料，业主和咨询单位反馈意见，最终由三方共同协商后，明确项目设计与咨询的进度计划。

检核阶段：由设计单位提交设计成果，业主与咨询单位提出修改意见后再由业主向设计单位统一指派修改意见，以确保设计成果得到及时、合理的修正。设计单位除了提交设计成果以外，还需同时填写"四表一单"，以检查和明确项目是否按照先前制定的项目进度表保质保量地有序推进。

咨询阶段：在设计单位提交成果后，项目进入咨询阶段，总师及咨询团队会重点核对设计进度与相应阶段的设计任务的完成情况、业主及咨询单位的反馈意见的落实情况，从而持续跟进项目进程和质量。

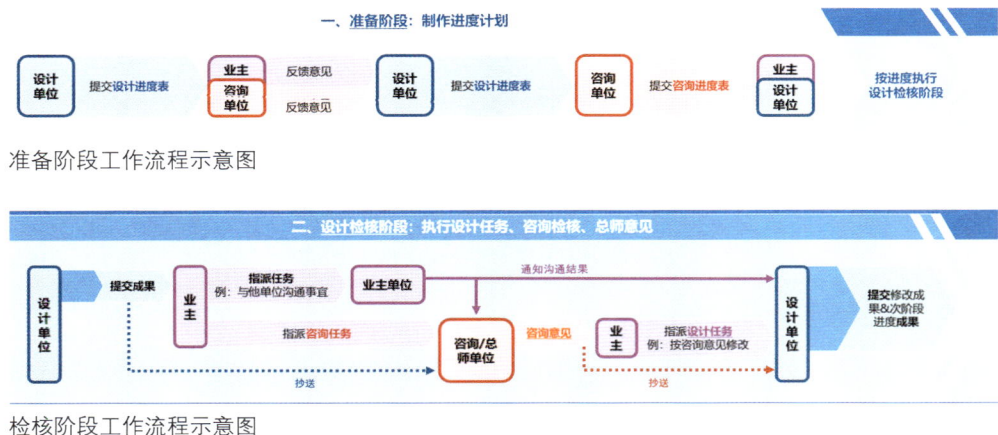

准备阶段工作流程示意图

检核阶段工作流程示意图

检核阶段材料准备清单及流程

二、设计交底与现场巡查

工程实施过程中，设计交底与现场巡查是保障设计意图精准落地的重要手段。

设计交底通过明确图纸细节和技术要求，帮助施工团队全面理解设计意图。交底由监理工程师组织，业主、设计单位与施工团队共同参与，重点关注施工图的合理性、关键技术要求及工艺流程适配性。会议讨论后形成的纪要成为施工的指导依据，同时为后续的设计调整提供依据。

巡查制度通过强化设计与施工的协同配合，保障设计意图的精准落地并提升工程实施的整体品质。定期巡查旨在发现现场条件与设计要求间的差异，聚焦"差、错、漏、碰"等常见问题；不定期巡查则针对特殊情况，如恶劣天气、紧急抢险或设计变更，提供灵活应对。业主单位统筹巡查计划，总师团队负责巡查组织与问题跟踪，设计单位则提供技术支持与优化方案。通过清晰的责权划分，巡查中发现的设计调整需求经业主核实后迅速落实，施工过程中的偏差问题也能被及时记录、反馈并督促整改，从而确保设计与施工的全流程一致性。通过及时发现和解决问题，巡查制度有效保障了工程质量和设计目标的实现。

通过施工图设计的落实、设计交底与现场巡查的协同运作，横沥岛尖项目实现了从设计到落地的高效衔接。这一实施保障机制实现了设计成果的科学性、工程质量的可靠性以及项目管理的规范性。项目的成功实施不仅成为滨水城市开发的标杆，也为类似复杂工程的实施管理提供了宝贵经验。

三、小结

　　通过科学完善的协同机制，横沥岛尖项目实现了规划设计到工程实施的全链条高效衔接，为生态保护与城市发展提供了和谐共生的典范。总师制度的全程指导为项目的设计精准落地提供了核心保障；接口管理机制通过工具创新与动态优化，确保了多专业团队间的高效协作；而实施保障措施则通过施工图审核、设计交底与现场巡查的联动机制，显著提升了工程品质。这一协同机制不仅成功推动了横沥岛尖项目的高质量建设，也为生态景观规划在复杂工程实践中的应用树立了标杆。其经验与创新对未来城市生态项目的管理模式、技术方法和协作机制的发展具有重要的借鉴意义。

结论与展望　　第七章

　　本书通过横沥岛尖景观规划与设计的实践，系统总结了生态景观总师制度在规划传承、专业协同和动态管理中的创新成果。作为一种面向复杂城市系统的管理模式，总师制度有效推动了生态与城市功能的深度融合。本章在回顾该制度实践成效的基础上，展望其在未来城市开发与区域合作中的应用前景。

一、总师制度的成效

横沥岛尖景观建设项目的实践证明，生态景观总师制度是实现规划高质量落地的重要工具。通过总结前六章的内容，总师制度在横沥岛尖的成功实施主要体现在以下三个方面：

首先，总师制度在理论到实践的贯通中发挥了关键作用。本书从总体规划框架（第三章）到规划要素导控（第四章）、综合设计（第五章）等多个阶段，全面解析了如何通过总师制度保障规划目标的延续性，为项目从前期研究到后续设计和实施提供了科学规范的指引，实现了"一张蓝图绘到底"的规划目标。

其次，总师制度有效解决了复杂项目中的多专业协同难题。横沥岛尖项目时间跨度大，专业团队多，场地条件复杂。通过"四表一单"等工具体系，总师团队推动了各专业团队在沟通与物理空间衔接上的高效协作（第六章），确保规划理念在各阶段的执行中得以精准落实。例如，在滨水公园的设计中，总师制度通过明确各团队职责，确保生态岸线修复与亲水景观功能的有机融合。

最后，总师制度实现了精细化管理与动态调整。在实施过程中，总师团队通过动态监测与实时调整机制（如阶段性核验与反馈机制），应对了外江景观、内涌景观及社区公园等不同片区在功能需求上的动态变化。这一管理模式不仅保障了设计成果的落地性，还提升了项目整体的应变能力和执行质量。

横沥岛尖的实践充分证明，生态景观总师制度是一种行之有效的创新管理模式，为复杂城市系统的可持续发展提供了可借鉴的样板。

二、未来展望与建议

南沙横沥岛尖的景观实践不仅为当前项目提供了成功经验，也为未来城市的开发与建设提供了丰富的启示。以下两点展望与建议，概括了总师制度未来发展的方向：

（一）推动总师制度在"未来城市"建设中的应用

随着广州南沙被确立为广东省"未来城市"综合实证试点，景观总师制度将迎来新的发展机遇。未来城市的构建需要更高标准的规划设计与实施机制，而总师制度的科学管理模式和多专业协作能力可为其提供有力支撑。建议在未来城市建设中，总师制度应结合最新理念（如智慧城市、韧性城市），通过数字化仿真模型与动态数据监控技术，提升管理的精准性和前瞻性。同时，在空间规划上，应突破传统景观设计的界限，将房建与基建项目融为整体，构建"生态＋城市"一体化的未来空间。

（二）加强粤港澳合作，融合创新管理模式

随着《南沙方案》的实施，景观总师制度需要进一步融合港澳的建设经验，创新合作模式。未来，在港澳专业团队逐渐深度参与南沙城市开发的过程中，总师制度可以借鉴港澳建筑师负责制的实践经验，推动全过程工程咨询模式的发展。这不仅有助于实现高效的资源整合与管理协同，还将为粤港澳大湾区的城市建设注入更多国际化的视野和实践创新。

通过对景观总师制度的持续探索与优化，南沙横沥岛尖的实践为未来城市的开发提供了坚实基础，同时展现了南沙作为国际合作平台的独特优势。我们相信，随着生态景观总师制度在更多领域的推广应用，城市建设的多样性与复杂性将得到更有效的应对，南沙这片热土也将成为生态与城市协调发展的典范。

图书在版编目（CIP）数据

复合生态廊道上的新城景观规划与设计：广州市南
沙横沥岛尖生态景观总师制度的践行 = Urban Landscape
Planning and Design on Integrated Ecological
Corridors The Implementation of the Landscape
Architect Framework on Hengli Island, Nansha,
Guangzhou / 吴超等主编 . -- 北京：中国建筑工业出版
社，2024.9. --（城市片区综合开发系列丛书）.
ISBN 978-7-112-30400-4

Ⅰ . TU-856；TU984.1
中国国家版本馆 CIP 数据核字第 20248JF120 号

责任编辑：张幼平
责任校对：赵　力

城市片区综合开发系列丛书

复合生态廊道上的新城景观规划与设计
——广州市南沙横沥岛尖生态景观总师制度的践行
Urban Landscape Planning and Design on Integrated Ecological Corridors
The Implementation of the Landscape Architect Framework on Hengli Island, Nansha, Guangzhou
吴　超　梁睿中　彭　石　文惠珍　主编
*
中国建筑工业出版社出版、发行（北京海淀三里河路 9 号）
各地新华书店、建筑书店经销
北京方舟正佳图文设计有限公司制版
天津裕同印刷有限公司印刷
*
开本：787 毫米 ×1092 毫米　1/16　印张：11　字数：181 千字
2025 年 5 月第一版　2025 年 5 月第一次印刷
定价：**160.00 元**
ISBN 978-7-112-30400-4
（43119）